"十三五"国家重点图书出版规划项目

转基因安全

GENETICALLY MODIFIED ORGANISMS SAFETY

「彭于发 杨晓光 主编」

中国农业科学技术出版社

图书在版编目（CIP）数据

转基因安全 / 彭于发，杨晓光主编．—北京：中国农业科学技术出版社，2020.8

（转基因科普书系）

ISBN 978-7-5116-4963-8

Ⅰ．①转… Ⅱ．①彭… ②杨… Ⅲ．①转基因食品—食品安全—研究 Ⅳ．①TS201.6

中国版本图书馆 CIP 数据核字（2020）第 157857 号

策　　划　吴孔明　张应禄
责任编辑　金　迪　崔改泵
责任校对　贾海霞

出 版 者　中国农业科学技术出版社
　　　　　北京市中关村南大街12号　　邮编：100081
电　　话　（010）82109194（编辑室）（010）82109702（发行部）
　　　　　（010）82109709（读者服务部）
传　　真　（010）82109698
网　　址　http：// www.castp.cn
经 销 者　各地新华书店
印 刷 者　北京科信印刷有限公司
开　　本　710mm × 1 000mm　1/16
印　　张　8.75
字　　数　130千字
版　　次　2020年12月第1版　2020年12月第1次印刷
定　　价　36.00元

转 基 因 科 普 书 系

《转基因安全》

编辑委员会

PREFACE / 序

转基因技术是通过将人工分离和修饰过的基因导入生物体基因组中，借助导入基因的表达，引起生物体性状可遗传变化的一项技术，已被广泛应用于农业、医药、工业、环保、能源、新材料等领域。农业转基因技术与传统育种技术是一脉相承的，其本质都是利用优良基因进行遗传改良。但和传统育种技术相比，转基因技术不受生物物种间亲缘关系的限制，可以实现优良基因的跨物种利用，解决了制约育种技术进一步发展的难题。可以说，转基因技术是现代生命科学发展产生的突破性成果，是推动现代农业发展的颠覆性技术。

从世界范围来看，转基因技术及其在农业上的应用，经历了技术成熟期和产业发展期后，目前已进入以抢占技术制高点与培育现代农业生物产业新增长点为目标的战略机遇期。对我国而言，机遇与挑战并存，需要利用现代农业生物技术，促进农业发展，保障粮食安全和生态安全。

像任何高新技术一样，农业转基因技术也存在安全性风险。我国政府高度重视转基因技术安全性评价和管理工作，已建立了完整的安全管理法规、机构、检测与监测体系，并发布了一系列转基因生物环境安全性评价、食品安全性评价及成分测定的技术标准。国际食品法典委员会（CAC）、联合国粮农组织（FAO）和世界卫生组织（WHO）等国际组织也制定了相应的转基因生物安全评价标准。要在利用转基因技术造福人类的同时，科学评价和管控风险，确保安全应用。

虽然到目前为止，全球尚没有发生任何转基因食品安全性事件，但公众对转基因产品安全性的担忧是始终存在的。从人类社会发展历史来看，不少重大技术从发明到广泛应用，都经历过一个曲折复杂的过程，其中人们对新技术的认识和接受程度起着重要的作用。因此，转基因科学普及工作是十分必要的，科学界要揭开转基因技术的神秘面纱，帮助公众在尊重科学的基础上，理性地看待转基因技术和产品。我们组织编写《转基因科普书系》，就是希望提高全社会对转基因技术的认知程度，为我国农业转基因技术的发展营造良好的社会环境。愿有志于此者共同努力！

中国工程院院士
中国农业科学院副院长 吴孔明

CONTENTS 目录

第一章 转基因食品的食用安全

第二章 转基因生物环境安全

第三章 转基因生物安全事件剖析

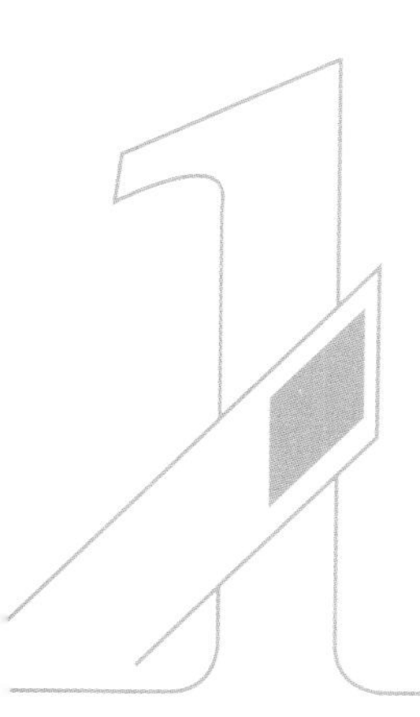

第一章　转基因食品的食用安全

第一节　转基因食品及食用安全评价

一、转基因食品

（一）转基因食品的定义

转基因食品系指利用基因工程技术改变基因组构成的动物、植物和微生物生产的食品和食品添加剂，包括转基因动植物、微生物产品，转基因动植物、微生物直接加工品，以转基因动植物、微生物或其直接加工品为原料生产的食品和食品添加剂等三大类。这一定义涵盖了供人们食用的所有加工、半加工和未加工过的各种转基因成分，以及所有在食品生产、加工、制作、处理、包装、运输或存放过程中由于工艺原因加入食品中的各种转基因成分。以转基因大豆为例，它本身就是转基因食品，用它为原料加工的豆腐、豆油、豆奶或提取的大豆蛋白等也都属于转基因食品。

1983年，第一个转抗虫基因的烟草在美国培植成功，标志着转基因生物的正式诞生；1994年，首个耐储藏转基因番茄在美国被批准进入市场销售，标志着转基因食品的正式问世，1996年，由这种番茄加工而成的番茄饼得以允许在超市出售，标志着转基因食品开始了商业化的进程。此后，由于转基因技术研究与产业应用的快速发展，转基因食品的发展十分迅猛。

（二）转基因食品的分类

1. 按受体生物分类

（1）转基因植物食品

转基因植物食品是指转基因植物产生的食物或以转基因植物为原料生产的食品或食品添加剂。目前，在所有转基因生物中，转基因植物占到了95%以上，而且被批准上市的基本为转基因植物产品，因此，现阶段所说的转基因食品主要是指转基因植物食品。国内外已研究开发并商品化生产的转基因植物品种主要有：大豆、玉米、油菜、棉籽（棉花）、马铃薯、番茄、番木瓜、甜瓜、西葫芦、向日葵、胡萝卜、甜菜、甜椒、辣椒、芹菜、黄瓜、莴苣、豇豆等，其中，大豆、玉米、棉花和油菜是最主要的转基因食品。

（2）转基因动物食品

转基因动物食品是指由转基因动物产生的食物或以转基因动物为原料生产的食品或食品添加剂。目前已开发的转基因动物包括含高不饱和脂肪酸猪、快速生长的转基因鱼、高乳铁蛋白奶牛等，但转基因动物食品的产业化应用还有待时日。2015年，美国FDA批准了AquaBounty公司的快速生长转基因大西洋三文鱼的市场化运作，这是全球首例上市的转基因动物食品。

（3）转基因微生物食品

转基因微生物食品是指由转基因微生物产生的食物或以转基因微生物为原料生产的食品或食品添加剂。目前国内外已研究开发并商品化生产的转基因微生物品种主要是基因改造的食用菌和食品工程菌。

2. 按产品功能分类

（1）环境适应类转基因食品

环境适应类转基因食品指通过基因工程技术改造获得的具有耐除草剂、抗虫、抗真菌、抗重金属、抗病毒或病菌、抗旱、抗盐碱、抗霜冻等特性的农业生物产品及以该产品为原料加工生产的食品或食品添加剂，又称第一代转基因食品，目前绝大多数转基因食品都属此类，特别是耐除草剂和抗虫产品。

（2）品质改良类转基因食品

品质改良类转基因食品指通过基因工程技术改造获得的具有改变营养成分种类、含量及配比，抗腐败、改善风味或增加保健功能等特性的农业生物产品及以该产品为原料加工生产的食品或食品添加剂，又称第二代转基因食品，如富含胡萝卜素的“金大米”、高赖氨酸玉米等。

（3）复合性状转基因食品

复合性状转基因食品指在一种生物中转化两个或两个以上目的基因并获得各自生物学性状的农业生物产品及以该产品为原料加工生产的食品或食品添加剂，如抗虫耐除草剂玉米、抗虫高油酸大豆等。与单性状转基因作物相比，复合性状转基因作物具有以下三方面优势：一是将现代生物技术与传统育种相结合，开辟育种新途径，节省资源；二是拓展转基因作物功能，使一个作物聚合多个转基因性状，满足多元化需求；三是以目前研发的单性状转基因作物为育种材料，充分利用现有资源，节省研发时间，降低研发成本，提高资源利用效率，是未来研发的重点。

二、食用安全评价内容、目的和意义

目前转基因食品的安全性评价的内容主要包括3个方面，即毒理学评价、致敏性评价和营养学评价。

（一）转基因食品的毒理学评价

转基因食品的毒理学评价包括新表达蛋白质与已知毒蛋白和抗营养因子氨基酸序列相似性的比较，当新表达蛋白质无安全食用历史、安全性资料不足时，必须进行急性经口毒性试验，必要时应进行免疫毒性检测评价。新表达的物质为非蛋白质，如脂肪、碳水化合物、核酸、维生素及其他成分等，其毒理学评价可能包括毒物代谢动力学、遗传毒性、亚慢性毒性、慢性毒性/致癌性、生殖发育毒性等方面。而有关全食品的评价，亚慢性毒性试验是必需的，其他具体还需进行哪些毒理学试验，采取个案分析的原则。

（二）转基因食品的致敏性评价

转基因食品中由于引进了新基因，其表达的新蛋白质可能引起过敏反应，因此，转基因产品致敏性是需要严格监控的指标。主要评价方法包括基因来源、与已知过敏原的序列相似性比较、新表达蛋白质热稳定性试验、体外模拟胃液蛋白质消化稳定性试验、过敏患者的血清进行特异IgE抗体结合试验、定向筛选血清学试验、模拟胃肠液消化试验和动物模型试验等，最后综合判断其潜在致敏性。如果判定为有致敏的可能，该产品就会被取消研发和上市的资格。

（三）转基因食品的营养学评价

转基因食品在营养学评价上需要比较的主要内容包括主要营养因子、抗营养因子和营养素生物利用率等。主要营养因子包括脂肪、蛋白质、碳水化合物、矿物质、维生素等；抗营养因子主要是指一些能影响人对食品中营养物质吸收和对食物消化的物质，如豆科作物中的一些蛋白酶抑制剂、脂肪氧化酶、植酸等。除了成分比较外，还必须分析所转基因表达的目标物质在食品中的含量；按照个案分析的原则，如果是以营养改良为目标的转基因食品，还需要对其营养改良的有效性进行评价。

三、食用安全评价原则

安全评价（即风险评估）是农业转基因生物安全管理的核心，是指通过科学分析各种科学资源，判断每一具体的转基因生物是否存在危害或安全隐患，预测危害或隐患的性质和程度，划分安全等级，提出科学建议。

风险评估按照规定的（规范）程序和标准，利用现有的所有与转基因生物安全性相关的科学数据和信息，系统地评价已知的或潜在的与农业转基因生物有关的、对人类健康和生态环境产生负面影响的危害。这些数据和信息主要来源于产品研发单位、科学文献、常规技术信息、独立科学家、管理机构、国际组织及其他利益团体等。

整个评估过程由危害识别、危害特征描述、暴露评估和风险特征描述四部分组成。通过风险评估预测在给定的风险暴露水平下农业转基因生物所引起的危害的大小，作为风险管理决策的依据。

安全评价遵循的基本原则

在进行农业转基因生物风险评估时，一般应遵循以下原则。

1. 实质等同性原则

自从1993年经济合作与发展组织（OECD）在转基因食品安全中提出“实质等同性”概念以来（OECD，1993），实质等同性已被很多国家在转基因生物安全评价上广泛采纳。实质等同性的意思是指转基因物种或其食物与传统物种或食物具有同等安全性。

所谓“实质等同性”原则，主要是指通过对转基因作物的农艺性状和食品中各主要营养成分、营养拮抗物质、毒性物质及过敏性物质等成分的种类和数量进行分析，并与相应的传统食品进行比较，若二者之间没有明显差异，则认为该转基因食品与传统食品在食用安全性方面具有实质等同性，不存在安全性问题。具体来说，包括两方面内容：一是农艺学性状相同。如转基因植物的形态、外观、生长状况、产量、抗病性和育种等方面应与同品系对照植株无差异。二是食物成分相同。转基因植物应与同品系非转基因对照植物的主要营养成分、营养拮抗物质、毒性物质及过敏性物质等成分的种类和含量相同。

根据“实质等同性”分析的结果，可将转基因作物归纳为以下3类。

（1）转基因作物与对照物具有实质等同性。在这种情况下，转基因作物被认为与对照物具有同等安全性，不需要进行进一步的安全性分析。但这种情况并不多见，一般用转基因作物加工的产品如精炼油、玉米淀粉、精制糖等可以归为此类。

（2）除了一些明确的差异外，转基因作物与对照物具有实质等同性。目前第一代转基因作物都在此范畴内，进一步的安全性分析应主要围绕这些差异（即转入基因表达的蛋白）进行。

（3）在许多方面转基因作物与对照物不具有实质等同性，或找不到可进行比较的传统对照物，当然这并不能说明此转基因作物就是不安全的，但在这种情况下，需要对该转基因作物进行全面彻底的安全性分析，部分第二代转基因作物属于此范畴。

为了便于实质等同概念的理解和应用，OECD列举了5项应用原则：①如果一种新食品或经过基因修饰的食品或食物成分被确定与某一传统食品大体相同，那么更多的安全和营养方面的考虑就没有意义。②一旦确定了新食品或食物成分与传统食品大体相同，那么二者就应该同等对待。③如果新食品或食物成分的类型鲜为人知，难以应用实质等同性原则，对其评估时就要考虑在类似食品或食品成分（如蛋白质、脂肪和碳水化合物等）的评估过程中所积累的经验。④如果某种食品被确定为不实质等同性，那么评估的重点应放在已经确定的差别上。⑤如果某种食品或食品成分没有可比较的基础（如没有与之相应的或类似的传统食品做比较），评估该食品或食物成分时就应该根据其自身的成分和特性进行研究。总之，如果转基因食品与传统食品相比较，除植入的基因和表达的蛋白不同外，其他成分没有显著差别，就认为二者之间具有实质等同性。如果转基因食品未能满足实质等同原则的要求，也并不意味着其不安全，只是要求进行更广泛的安全性评价。

2. 个案分析原则

因为转基因生物及其产品中导入的基因来源、功能各不相同，受体生物及基因操作也可能不同，所以必须有针对性地逐个进行评估，即个案分析原则。目前世界各国大多数立法机构都采取了个案分析原则。

个案分析就是针对每一个转基因食品个体，根据其生产原料、工艺、用途等特点，借鉴现有的已通过评价的相应案例，通过科学的分析，发现其可能发生的特殊效应，以确定其潜在的安全性，为安全性评价工作提供目标和线索。个案分析为评价采用不同原料、不同工艺、具有不同特性、不同用途的转基因食品的安全性提供了有效的指导，尤其是在发现和确定某些不可预测的效应及危害中起到了独特的作用。

个案分析的主要内容与研究方法包括：①根据每一个转基因食品个体或者相关的生产原料、工艺、用途的不同特点，通过与相应或相似的既往评价案例进行比较，应用相关的理论和知识进行分析，提出潜在安全性问题的假设。②通过制定有针对性的验证方案，对潜在安全性问题的假设进行科学论证。③通过对验证个案的总结，为以后的评价和验证工作提供可借鉴的新案例。

3. 预防原则

虽然尚未发现转基因生物及其产品对环境和人类健康产生危害的实例，但从生物安全角度考虑，必须将预先防范原则作为生物安全评价的指导原则，结合其他原则来对转基因生物及其产品进行风险分析，提前防范。

4. 逐步深入原则

转基因动物及其产品的开发过程需要经过试验研究、中间试验、环境释放、生产性试验和商业化生产等环节。因此，每个环节都要进行风险评估和安全评价，并以上步试验积累的相关数据和经验为基础，层层递进，确保安全性。

5. 科学基础原则

安全评价不是凭空想象的，必须以科学原理为基础，采用合理的方法和手段，以严谨、科学的态度对待。

6. 公正、透明原则

安全评价要本着公正、透明的原则，让公众信服，让消费者放心。

7. 熟悉原则

指对所评价转基因生物及其安全性的熟悉程度，根据类似的基因、性状或产品的历史使用情况，决定是否可以采取简化的评价程序，是为了促进转基因技术及其产业发展的一种灵活运用。

四、食用安全的担忧

转基因食品问世已有30多年，但对它的食用安全性问题的担忧及争论一直没有停止。在人类历史上，还没有任何一种食品的安全性问题如转基因食品受到如此广泛、深入、持久的关注。对转基因食品的食用安全性的担忧主要表现在以下几个方面。

（一）外源基因所编码的蛋白对人体是否有直接或间接毒性

一些转基因食品，特别是抗病虫害的转基因食品，它们转入的基因编码了对细菌或农作物害虫有害的毒蛋白，这些毒蛋白在发挥杀虫抗菌作用的同时，是否对人和动物造成伤害呢？

一般来说，转基因食品中使用的抗虫抗病的基因应该对人类和非目标的动物是无毒害的。以转基因植物中最常用的抗虫基因苏云金芽孢杆菌基因为例来说明。苏云金芽孢杆菌是自然界中普遍存在的一类细菌，该菌中存在一大类杀虫基因，统称*Bt*基因，其作为生物杀虫剂已广泛应用了60多年，科学家对其杀虫机理也有比较透彻的研究。*Bt*基因编码产生的杀虫蛋白存在于伴孢晶体中，当害虫取食后，在昆虫中肠的碱性（pH值10~12）条件下晶体溶解产生原毒素，由于中肠内酶系统的作用，释放出活性毒素，毒素与昆虫中肠内特异的受体结合而产生毒杀作用。这一杀虫机理使得某一特定的*Bt*基因只对某一类昆虫有特异性的毒杀作用。而哺乳动物的胃液为强酸性（pH值1~2），而肠胃中也不存在与Bt毒素结合的受体，当Bt蛋白进入哺乳动物肠胃中后，在胃液的作用下几秒之内全部被降解。多年的研究已反复证实这种Bt蛋白对哺乳动物、鸟、鱼以及非目标昆虫是无害的。

（二）外源基因编码的蛋白对人体是否有致敏性

食物过敏一直是食品安全中的重要问题，过敏反应主要是人们对食物中的某些物质特别是蛋白质产生病理性免疫反应，大多数是由免疫球蛋白IgE介导的，轻者会出现皮疹、呕吐、腹泻，重者甚至会危及生命。转基因食品中由于引进了新基因，会产生新的蛋白质，有可能会是人们从未接触过的物质，也许会引起人们对原来不过敏的食品产生过敏反应。对于转基因食品的过敏反应的评价，国际上有一整套的程序和方法，叫“决定树”原则。主要包括序列分析、过敏血清抗体结合试验、模拟胃肠消化及动物模型等步骤来评价转基因食品是否会引起人或动物产生过敏反应，任何一步的结果如果判定为有致敏的可能，该转基因食品都会被取消研发和上市的资格。因此，经过这一系列的评价，吃转基因食品过敏的可能性非常小。

（三）外源基因是否会发生水平转移

人们担心一些用抗生素抗性为标记基因来筛选的转基因食品，因其本身带有抗生素抗性，在人或牲畜吃了以后，这些抗性基因是否会通过水平转移到肠道微生物或其他致病菌中，使有害微生物对抗生素产生耐药性。事实上，不同种属间生物发生基因水平转移的概率几乎为零，此外，目前通过基因敲除技术已可以把转基因生物中的抗性基因完全去掉，因此，可以完全不用对于抗生素抗性基因的水平转移有太多的顾虑。

（四）伦理学争议

关于转基因食品的伦理学争论主要集中在转基因动物方面。由于动物，尤其是猪与人类有较近的亲缘关系，因此有些研究者想借助于转基因动物为人类造福。有关转基因动物引发的伦理学问题很多，这也是转基因动物发展缓慢的主要原因。如研究者将人类脏器细胞基因组导入猪细胞基因组，在猪体内表达转基因脏器，然后将转基因猪器官移植给人体，以解决人体器官供应短缺的问题，该研究一开始就引起了强烈争议，认为该行为无论对动物还是对人类都是不仁道的。又如在转基因鱼的研究中，研究者将人生长激素基因转入鱼基因组，加速鱼的生长。如果该转基因鱼上市，是否会引起正常人尤其是婴幼儿的快速生长，另外是否会引起“人吃人”的嫌疑？

但迄今为止，尚无一例被批准的转基因食品有科学的证据证明其对健康不利，而且各国政府和国际组织对转基因食品监管的重视程度是其他食品所没有的，因此，对于转基因食品食用安全的过度担忧是没有必要的。

五、食用安全事件及真相

转基因食品上市以来，国内外出现过几次著名的转基因安全事件，在科学界和网络上炒得沸沸扬扬，引起了很大的关注，而且过一段时间就会被人再翻出来说一下，事实究竟是怎样的呢？

（一）国外事件

1. 巴西坚果与转基因大豆事件

1994年1月，美国先锋（Pioneer）种子公司的科研人员发表在《细胞生物化学杂志》上的文章表明，将巴西坚果中编码2S albumin蛋白的基因转入大豆中后含硫氨基酸提高了。但研究人员对转入编码蛋白质2S albumin的基因的大豆进行测试之后，发现对巴西坚果过敏的人同样会对这种大豆过敏，蛋白质2S albumin正是巴西坚果中的主要过敏原。因此，先锋种子公司立即终止了这项研究计划，这充分说明转基因植物的安全管理和生物技术育种技术体系具有自我检查和自我调控的能力，能有效地防止转基因食品成为过敏原，这也是我们为什么要对转基因生物立法并进行安全评价。巴西坚果是人类天然的食物，它本身就含有这种过敏原，天然食物也并非对所有人都是安全的。

2. 转基因玉米致癌事件

法国分子内分泌学家Seralini及其同事2012年在《食品与化学毒理学》发表文章称，用耐除草剂转基因玉米NK603和被草甘膦除草剂Roundup污染的饲料喂养了2年以上的实验鼠，在所有喂食含有NK603和草甘膦除草剂饲料的雌性实验鼠中，50%~80%的实验鼠长了肿瘤，而且平均每只长的肿瘤多达3个，而在对照组中，只有30%患病。在接受试验的雄性实验鼠中，出现的主要健康问题包括肝脏受损、肾脏和皮肤肿瘤，以及消化系统疾病。在欧洲食品安全局（European Food Safety Authority，EFSA）对该研究的最终评估中，彻底否定了转基因玉米有毒甚至致癌的研究结论。欧洲食品安全局认为，该研究结论不仅缺乏数据支持，而且试验设计和方法存在严重漏洞：①研究使用的大鼠是一种容易发生肿瘤的品系。②研究未遵循国际公认的实验准备与实施的标准方法。③对于这一类型的研究，国际食品法典委员会要求每个试验组至少需要50只大鼠。该研究每个试验组只使用了10只大鼠，不足以区分肿瘤发生是由于概率还是特别的处理导致。④缺乏喂食大鼠的食物组成、储存方式或其可能含有的有害物成分（例如真菌毒素）等细节。法国国家农业科学研究院（INRA）院长François Houllier在《Nature》杂志发表文章指出，这一研究缺乏足够的统计学数据，其试验方法、数据分析和结论都存在缺陷，应对转基因作物进行更多公开的风险—收益分析，开展更多的跨学科转基因作物研究，尤其应着重研究其对动物和人体的长期影响。2013年11月28日，《食品与化学毒物学》杂志发表声明，决定撤回这篇文章，并强调该撤回决定是在对该文章及其报告数据进行了彻底的、长时间的分析，以及对论文发表的同行评议过程进行调查之后做出的。

（二）国内事件

1. 转基因玉米导致老鼠减少、母猪流产等异常现象

2010年9月21日，《国际先驱导报》记者报道称，“山西、吉林等地因种植先玉335玉米导致老鼠减少、母猪流产等异常现象”，经专业实验室检测和相关省农业行政部门现场核查，山西和吉林等地没有种植转基因玉米，此外，“先玉335”是非转基因玉米品种，而不是转基因品种。山西、吉林省有关部门对报道中所称“老鼠减少、母猪流产”的现象进行了核查。据实地考察和农民反映，当地老鼠数量确有减少，这与吉林榆树市和山西晋中市分别连续多年统防统治、剧毒鼠药禁用使老鼠天敌数量增加、

农户粮仓水泥地增多使老鼠不易打洞、奥运会期间太原作为备用机场曾做过集中灭鼠等措施直接相关。关于山西“老鼠变小”的问题，据调查该地区常见有体形较大的褐家鼠和体形较小的家鼠，是两个不同的鼠种。关于“母猪流产”现象，与当地实际情况严重不符，属虚假报道。《国际先驱导报》的这篇报道被《新京报》评为“2010年十大科学谣言”之一。

2. 转基因玉米导致广西大学生男性精子活力下降，影响生育能力

2010年2月2日，某网站刊登文章称，“多年食用转基因玉米导致广西大学生男性精子活力下降，影响生育能力”。此文引发强烈反响，是目前国内网络流行的转基因将导致人类“断子绝孙”的源头之一。据核实，广西从来没有种植和销售转基因玉米。该文章有意篡改广西医科大学第一附属医院梁季鸿博士关于《广西在校大学生性健康调查报告》的结论，梁季鸿解释称大学生精子活力下降这一现象与大学生长时间上网、久坐软沙发、长期吃烧烤油炸食品、喝饮料、吃罐头食品以及环境污染等其他多种因素有关，该报告中根本未提到转基因食品。

3. 转基因大豆油与肿瘤发病率高度相关

2013年6月21日，黑龙江省大豆协会副秘书长王小语在接受媒体采访时称，依据其在粮食行业20年的工作经历，发现致癌原因可能与转基因大豆油消费有极大相关性：“河南、河北、甘肃、青海、上海、江苏、广东、福建等地，基本都是我国转基因大豆油的消费集中区域，这些区域同时也是我国肿瘤发病集中区。黑龙江、辽宁、浙江、山东、湖南、湖北、贵州等地基本都不以消费转基因大豆油为主，不是肿瘤发病集中区域”。

该领导的表态在当时引发轩然大波，但北京理工大学管理与经济学教授胡瑞法称，他重新计算了《2012年中国肿瘤登记年报》中有关恶性肿瘤发病率数据，发现如果不考虑上海和贵州，“河南、河北、甘肃、青海、江苏、广东、福建”等地恶性肿瘤发病率的平均值为222.2/105，而“黑龙

江、辽宁、浙江、山东、湖南、湖北”的平均值为247.0/105，这两个区域即使有差别，也是后者高于前者。

此外，全国肿瘤防治研究办公室/国家癌症登记中心主任陈万青与中国医学科学院、北京协和医学院肿瘤研究所流行病学研究室主任乔友林教授曾接受媒体采访，表示对各省癌症发病率进行分析，并未发现与转基因大豆油有关。

因此，要理性看待、分析转基因食品的食用安全事件，只为一时引人视听，没有科学依据的谣言是站不住脚的。

第二节　转基因食品食用安全具体内容

一、转基因食品毒性安全评价

根据需要，目前在食品安全评价中一般需要进行与已知毒蛋白的氨基酸序列比对、外源蛋白急性经口毒性试验、全食品亚慢性毒理学试验等毒性安全评价。

1. 氨基酸序列比对

将外源蛋白的氨基酸序列与国际上通用的蛋白质数据库进行比对，看其与已知的毒素及抗营养因子是否有同源性，排除转基因可能引入毒素和抗营养因子的可能性。

2. 急性经口毒性试验

选择大、小鼠进行急性经口毒性试验，主要是针对转基因表达的目标物质（通常是蛋白质）。在转基因安全评价中，通常采用限量法，即24h

内一次或多次灌胃给予最大的剂量，中国要求最好达到5 000mg/kg体重，OECD要求达到2 000mg/kg体重，观察灌胃后14天内受试物对大、小鼠是否有急性毒性作用，同时可以得到最低有作用水平或最大无作用水平，为风险性分析中的暴露量计算提供依据。在食品安全评价中，不确定系数又称为安全系数，将动物试验的结果外推到人体一般都采用100为不确定系数，其中个体间的差异为10，种属间的差异也为10。以转基因抗虫水稻为例，其转基因表达的目标物质是抗虫蛋白，用抗虫蛋白进行大鼠的急性经口毒性试验，得到抗虫蛋白的最大无作用水平为每千克体重5g，从成分分析得到每千克转基因抗虫水稻含有2.5mg抗虫蛋白，按50kg体重者每天食用1kg大米计算，其不确定系数（安全系数）为100 000。

3. 亚慢性毒理学试验

可以反映出转基因食品对于生物体的中长期营养与毒理学作用，因此是转基因食品食用安全性评价工作的重要评价手段之一。通常选择90天大鼠喂养试验，并选择刚断乳的动物，大鼠的生命期一般为2年，90天对大鼠来说是其生命期的1/8，即相当于人生命期的10年，从断乳开始喂养90天，覆盖了大鼠幼年、青春期、性成熟、成年期等敏感阶段。评价方法上，在不影响动物膳食营养平衡的前提下，按照一定比例（通常设高、中、低3个剂量组）将转基因食品掺入动物饲料中，让动物自由摄食，喂养90天。试验期间每天观察动物是否有中毒表现、死亡情况。每周称量动物体重与进食量，分析动物的生长情况和对食物的利用情况。试验末期，宰杀动物，称量脏器重量，计算脏体比，反映动物的营养与毒理状况。对主要脏器作病理切片观察，观察是否有脏器病变。试验中期和末期检测实验动物的血常规和血生化指标，进一步观察动物体内各种营养素的代谢情况。将转基因食品与非转基因食品及正常动物饲料组的各项指标进行比较，观察转入基因是否对生物体产生了不良的营养学与毒理学作用。

二、转基因食品致敏性评价

据调查英国有1.4%~1.8%的人群及8%的婴幼儿对食物中某种成分有过敏反应，在荷兰有2.4%的人群对某种食品过敏，而在美国对花生和坚果过敏的人群达1.1%，食物过敏一直是食品安全中的重要问题，过敏反应主要是人们对食物中的某些物质特别是蛋白质产生病理性免疫反应，大多数是由免疫球蛋白IgE介导的，轻者会出现皮疹、呕吐、腹泻，重者甚至会危及生命。转基因食品中由于引进了新基因，会产生新的蛋白质，有可能会是人们从未接触过的物质，也许会引起人们对原来不过敏的食品产生过敏反应。因此，转基因食品是否具有致敏性一直是安全性评价中的关键问题。2001年，FAO/WHO提出了转基因产品过敏评价程序和方法，主要评价方法包括基因来源、与已知过敏原的序列相似性比较、对过敏患者的血清进行特异性IgE抗体结合试验、定向筛选血清学试验、模拟胃肠液消化试验和动物模型试验等。最后综合判断该外源蛋白的潜在致敏性的高低。这个程序和方法，又叫“决定树”原则，具体如下。

1. 氨基酸序列相似性比较

用计算机进行序列分析已成为研究不同蛋白质空间结构、功能和进化关系的重要手段，通过对蛋白质的氨基酸序列分析，可以了解目的蛋白是否含有与致敏蛋白质相同的氨基酸序列。

目前国际上已经建立了多个致敏原氨基酸序列的数据库，包括Allergy online、Allergome等，分别包括1 706个和2 915个致敏原氨基酸序列信息，此外，我国广州医科大学也建立了一个Allergenia数据库，包含2 150个致敏氨基酸序列信息。引起过敏反应的蛋白质与T细胞结合的最短长度为8个或9个氨基酸，应至少含有2个IgE抗体结合位点，因此，检索8个连续相同氨基酸序列的分析方法是比较可靠的。

在数据库中将外源蛋白质的氨基酸与致敏原的氨基酸序列相比较，如果二者含有相同氨基酸的数量大于或等于35%，或含有6个连续相同的氨基酸，就认为目的蛋白质和已知致敏原有相似序列。

2. 特异性IgE抗体结合试验

如果目的基因来源于人体过敏物种，目的蛋白质与已知致敏原序列相似性比较为阴性，则需进行与特异性IgE抗体结合试验。对不同食物过敏的病人，其血清中含有的特异IgE抗体是不同的，因此确定目的蛋白质是否为致敏原，需要对来源于不同过敏病人的血清进行检测。酶联免疫吸附试验（ELISA）、蛋白印迹法（Western Blot）是检测致敏原的常用方法。

2001年FAO/WHO生物技术食品致敏性联合专家咨询会议推荐的判断标准为：如果转入的基因来自一种常见的致敏性食物，与6个相关食物过敏患者的血清中特异性IgE抗体结合试验结果为阴性，则有95%的把握认为该目的蛋白质不是致敏原；与8个过敏患者的血清免疫结果为阴性，则有99%的把握认为该目的蛋白质不是致敏原；与14个过敏患者的血清免疫结果为阴性，则有99.9%的把握认为该目的蛋白质不是致敏原。如果转入基因来自一种非常见致敏性食物，并且与17个相关过敏患者的血清免疫分析结果为阴性，则有95%的把握认为影响至少20%敏感人群的一种次要致敏原未转入该种食品；与24个相关患者的血清免疫分析结果为阴性，则有99%的把握认为影响至少20%敏感人群的一种次要致敏原未转入该种食品。如果患者血清中特异性IgE抗体的浓度过低，就可能产生假阴性。所以，在该血清学试验中，要求患者血清中特异性IgE抗体的浓度大于10kU/L。

3. 定向血清筛选试验

目前致敏原数据库资料数量有限，所以目的蛋白质与致敏原之间没有相似序列并不能表明目的蛋白质是安全的。在这种情况下，随机进行过敏患者血清反应试验往往不是十分有效，采用定向血清筛选试验更为合理。

定向血清筛选试验是2001年FAO/WHO生物技术食品致敏性联合专家咨询会议推荐的转基因食品致敏性树状评估策略中新增加的评估方法。根据转入基因的来源不同，采用过敏患者的血清（表1-1），获得含高浓度特异性IgE抗体的血清后，用ELISA方法进行目的蛋白质与特异性IgE抗体的结合试验。阳性结果即可判定该目的蛋白质为可能致敏原。

表1-1　不同基因来源应采用的患者血清

转入基因的来源	血清来源
单子叶植物	对草、大米等单子叶植物过敏的患者
双子叶植物	对树花粉、芹菜、花生和坚果等双子叶植物过敏的患者
霉菌	对霉菌、酵母和真菌等过敏的患者
无脊椎动物	对螨、蟑螂、虾、摇蚊和蚕等过敏的患者
脊椎动物	对实验动物、牛奶、鱼、鸡蛋和血浆蛋白等过敏的患者
细菌等其他生物	目前尚不能进行定向血清筛选

4. 模拟胃肠液消化试验

一般情况下，食物致敏原能耐受食品加工、加热和烹调，并能抵抗胃肠消化酶，在小肠黏膜被吸收入血后产生免疫反应，所以目的蛋白质是否在模拟胃肠液中被消化是评估蛋白质致敏性的一个重要指标。模拟胃肠液配制通常根据美国药典中的方法，一些主要的食物致敏原如卵清蛋白、牛奶β-乳球蛋白等在该消化液中60min不被酶解，而非食物致敏原如蔗糖合成酶等15s内即被酶解。

2001年FAO/WHO生物技术食品致敏性联合专家咨询会议推荐的试验方法为：将受试蛋白质、胃蛋白酶混合液（pH值2.0）在37℃水浴中反应，并分别在0s、15s、30s和1min、2min、4min、15min、60min时终止反应，通过SDS-PAGE电泳，分析受试蛋白质的降解情况。试验中需要设立阳性（如牛奶β-乳球蛋白、大豆胰蛋白酶抑制剂等）和阴性（如大豆脂肪水解酶、土豆酸性磷酸酶等）对照，不能被降解的蛋白质或降解片段大于3.5kDa的蛋白质都有可能是致敏蛋白质。

5. 动物模型

动物模型试验是2001年FAO/WHO生物技术食品致敏性联合专家咨询会议发布的转基因食品致敏性评估树状分析策略中新增加的另一种评估方法。到目前为止，尚未建立对致敏原评估的标准动物模型。许多动物包括狗、幼猪、豚鼠、BALB/c小鼠、C3H/HeJ小鼠、挪威棕色大鼠等均被用做实验对象。在动物模型试验中，将受试动物暴露于受试物，通过检测动物血清中特异性IgE抗体含量，来确定动物的敏感性。

致敏性评估中动物模型应具有以下4个特点：①暴露于人类致敏原后产生过敏反应，暴露于非人类致敏原后不产生过敏反应。②对不同致敏原产生的过敏反应的强度与人类相似，对人类强致敏原（如花生）产生的过敏反应的强度>中等致敏原（如牛奶）>弱致敏原（如菠菜叶）。③与人类的胃肠系统相似。④能发生和人体相似的抗原-抗体反应。由于BALB/c小鼠和挪威棕色大鼠比其他动物更符合以上4个特征，因此研究者普遍认为这两种动物作为动物模型更具有应用前景。

三、转基因植物营养学评价

（一）成分分析

根据不同类型的转基因食品，选择与其相关的主要营养成分如蛋白质及氨基酸、脂肪及脂肪酸、碳水化合物、脂溶性维生素及水溶性维生素、常量元素及微量元素等进行全成分分析和特征成分分析，包括可能的毒素、抗营养学因子和非期望效应等。

1. 营养物质

目前全球最多的转基因食品来源于抗虫害、抗除草剂农作物，这些转基因食品与相应的非转基因食品在营养成分、抗营养因子和化学性质方面的一致性是保证其食用安全性和营养学等同的第一步。许多研究结果证明，抗虫害、抗除草剂基因修饰的食品中营养成分改变不大。但对于营养改善型转基因作物，其营养成分往往会发生较大改变。因此，我们该如何针对转基因食物的特点，对其营养素成分做更细致的研究比较，仍然是营养学研究所面临的一个巨大挑战。

2. 抗营养因子

抗营养因子主要是指一些能影响人对食品中营养物质吸收和对食物消化的物质，许多食品本身就含有大量的毒性物质和抗营养因子，如芋头和小麦中的胰蛋白酶抑制剂和淀粉酶抑制剂；玉米中的植酸、菜籽油中的芥酸；叶类蔬菜中的亚硝酸盐类；豆类中的凝集素等。对于转基因食品中抗营养因子的分析，比较其与受体生物中抗营养因子的种类、含量是否有差异，一般认为，转基因食品不应含有比同品系传统食物更高及更多的抗营养因子。

3. 毒素

某些食品中含有一种或几种毒素，并不意味着一定会引起毒性反应，只有处理不当，才会引起严重的生理反应甚至死亡。对转基因食品中毒素的评价原则是：转基因食品不应含有比同品系传统食物更高的毒素。

（二）营养学评价

根据转基因作物的营养价值和期望摄入量，还可考虑对其进行全面的营养学研究。如用转基因饲料喂养以该饲料为食品的动物，为期28天或90天，观察有关生长发育、营养学、代谢组学的指标如进食量、体重增长、产奶量及乳成分（奶牛）、产蛋量（鸡）、食物转化率及体组织成分测定（鱼）等。营养学评价本身虽不是安全性评价所必需的，但能提供大量有用的资料，还有人认为，作为食品或饲料的转基因作物与传统对照物“实质不等同”时，可用“营养等同性”来代替“实质等同性”分析。

第三节 转基因食品的标识

迄今，已有包括欧盟19个国家在内的60多个国家和地区制定了相关的法律和法规，要求对转基因生物及其产品（包括食品和饲料）进行标识。

一、转基因食品标识的主要内容

（一）标识的类别

世界各个国家和地区的转基因食品标识制度类别主要分为两类：自愿标识、强制标识。而强制标识又分为以过程为基础和以产品为基础两种。

1. 自愿标识

自愿标识是指由生产者和销售者根据具体情况决定是否对转基因食品加贴特殊标识，自愿标识是建立在转基因食品与传统食品的实质等同理念的基础上，如果转基因食品与传统食品是实质等同的，在组成成分、营养价值、用途、致敏性等方面没有差别，就没必要对转基因食品加以标识，只有在以上方面出现差异时，才需要对其加标签进行标注。目前美国、加拿大、阿根廷、南非、菲律宾等国家和地区对转基因食品采取自愿标识的政策。

2. 强制标识

强制标识是指食品中转基因物质超过规定的含量，必须加以标识。强制标识是建立在给予消费者充分的信息以保证其知情权和选择权的基础上，这与转基因食品的安全性无关，因为只要被批准上市的转基因食品均进行了严格的安全评价。以过程为基础的强制标识制度要求只要生产过程中使用了转基因成分，无论最终产品中是否能够检测出转基因成分，都要进行标识。以过程为基础的强制标识指的是“从农场到餐桌”的整个生产销售过程，包括种子的选择、作物的收获、生产加工、最后到超市货架上，这种特性一直都需要标明，并将身份文件留存一定年限，采用该制度的国家主要是欧盟。以产品为基础的强制标识是对能够在最终产品中检测出转基因成分的食品进行标识，大部分国家采用的是这种模式，如中国、澳大利亚、新西兰、日本、俄罗斯、韩国、泰国等。

（二）标识的范围

关于标识的范围分3种情况：①对所有的转基因食品均进行标识管理，欧盟、澳大利亚、新西兰、巴西等国家和地区属于这种情况。②只对重要的转基因食品进行标识。目前全球种植最多的转基因作物是玉米、棉花、马铃薯、油菜和大豆五类，因此，多数国家的标识范围主要集中在这几类。其中棉花因为不作为食品直接进入人类消化系统，除了中国、日本，其他国家都不要求对其进行标识；油菜主要用于榨油，一般来说精炼油里不再含转基因成分（外源DNA或蛋白质），而其副产品菜籽饼也不直接进入人类消化系统，除了欧盟和中国，其他国家也不要求对其标识。韩国的标识范围包括转基因大豆、玉米和转基因马铃薯及其制品；以色列、泰国、中国台湾仅要求对转基因大豆和转基因玉米及其部分产品进行标识。③美国、加拿大这些实行自愿标识政策的国家，规定只有当转基因食品与其传统对照食品相比具有明显差别、用于特殊用途或具有特殊效果和存在过敏原时，才属于标识管理范围。

（三）标识的阈值

大部分国家和地区的转基因标识管理政策，都允许在食品（饲料）中存在少量转基因成分，这种转基因成分的存在是在收获、运输及加工过程中，无法通过技术手段加以消除的意外混杂，不需要进行标识，并且确定了食品（饲料）中转基因成分意外混杂的最高限量即阈值。若食品（饲料）中转基因成分的含量超过这一阈值，则需对该食品（饲料）进行标识。有关标识的阈值，通常规定为1%，澳大利亚、新西兰等国家规定的标识阈值为1%，欧盟的标识阈值为0.9%，韩国、马来西亚的标识阈值为3%，瑞士规定原材料或单一成分饲料中转基因成分超过3%，混合饲料中转基因成分超过2%，需要进行标识，俄罗斯、日本等的标识阈值为5%。中国的转基因标识管理为定性标识，没有阈值。各主要国家和地区转基因食品标识阈值详见表1-2。

表1-2 各主要国家和地区转基因食品的标识阈值

国家和地区	标识阈值（%）
日本、俄罗斯、泰国、中国台湾	5
韩国、马来西亚、瑞士	3
澳大利亚、新西兰、巴西、捷克、以色列、沙特阿拉伯	1
欧盟、土耳其	0.9
中国	—

（四）豁免情况

一些国家还规定了转基因食品标识的豁免情况。主要有以下3种情况：

①在规定了阈值的情况下，如果含有或包含的转基因成分低于标识阈值，则不需要标识；②本国或本地区未批准上市销售的转基因品种低于批准上市的转基因品种的豁免阈值，如欧盟要求未批准上市销售的转基因品种只有低于0.5%时才能免除标识；③终产品中如果不再含有转基因成分（重组DNA和新蛋白），如油脂、精制淀粉、食糖等食品或食品添加剂，可以不进行转基因标识。

（五）阴性标识

阴性标识是指在标签上标注类似“Non-GMO”（非转基因）或“GMO free”（无转基因）等字样，告知消费者该产品不含转基因成分，是非转基因的产品。不同的国家在阴性标识的管理方面也有差异。

泰国明确禁止在标识上使用如“Free from genetically modified food”（绝无转基因食品）、“Non genetically modified food”（非转基因食品）、“Do not contain constituent of genetically modified food”（不含转基因成分）等表述方式，认为类似表述会对消费者造成误导。

日本和欧盟允许使用阴性标识，但必须经过严格认证和检测。对于根本没有转基因产品的特定食品，不应存在阴性标识，如目前全球并没有转基因花生产品上市，因此如果对花生和花生油进行阴性标识不仅没有必要，而且会误导消费者，这种情况被认为是不正当竞争，在许多国家明文规定是不允许的。

二、中国转基因食品的标识

2002年，农业部发布了《农业转基因生物标识管理办法》，规定不得销售或进口未标识和不按规定标识的农业转基因生物，其标识应当标明产品中含有转基因成分的主要原料名称，有特殊销售范围要求的，还应当明确标注，并在指定范围内销售。进口农业转基因生物不按规定标识的，重新标识后方可入境。为加强对转基因食品的监督管理，保障消费者的健康权和知情权，2009年，第十一届全国人民代表大会常务委员会第七次会议通过的《中华人民共和国食品安全法》，对食品安全包括转基因食品的风险检测与评估、许可、记录、标签以及跟踪召回制度和法律责任等都做了详细规定，为我国转基因食品安全的监管和保障提供了宏观依据。

中国规定列入转基因标识目录的转基因产品必须进行标识，第1批标识目录包括大豆、玉米、棉花、油菜、番茄等五大类17种转基因产品，分别是：①大豆种子、大豆、大豆粉、大豆油、豆粕；②玉米种子、玉米、玉米油、玉米粉；③油菜种子、油菜籽、油菜籽油、油菜籽粕；④棉花种子；⑤番茄种子、鲜番茄、番茄酱。根据情况，有以下3种标识形式："转基因××""含有转基因××"及"由转基因××加工，但已不含有转基因成分"。

转基因棉花是除了转基因大豆、玉米外种植面积最大的转基因作物，因其不直接进入人类消化系统，故大部分国家都不要求标识。中国的转基因抗虫棉因抗虫效果好而深受棉农欢迎。2013年中国转基因抗虫棉的种植面积约为400万hm^2。为保证市售抗虫棉种子的真实性，防止假冒转基因抗虫棉种子坑害棉农，中国政府将转基因棉花种子列入标识目录。

中国的转基因标识为定性标识，没有阈值。此外，中国对阴性标识也没有具体规定。

三、美国转基因食品的标识

美国的转基因标识管理主要由食品和药品管理局（FDA）给出推荐性意见。1992—2001年FDA颁布了《转基因食品自愿标识指导性文件》和《转基因食品上市前通告提议》，奠定了美国转基因食品自愿标识的基调。FDA认为，第一，转基因技术开发的食品或食品成分同其他非转基因食品一样，可遵循统一的安全管理标准。第二，如果检测证明利用转基因作物加工的食品及食品成分与利用传统植物育种方法开发的产品成分相同，则原则上认为它们在本质上没有区别，无论开发食品使用的何种方法，具体的管理措施主要取决于食品的具体特征和最终用途。在标识问题上，FDA认为对转基因食品和常规食品应适用同样的标签要求。由于现行法律并不要求在食品标签上说明食品的制造方法，所以转基因食品也须加贴特殊标签。只有当转基因技术实质性地改变了与健康有关的特性，如食品用途、营养价值等发生改变时，或以转基因材料生产的该食品的原有名称已无法描述该食品的新特性，可能影响食品的安全特性或营养质量或可能导致过敏反应时，制造商才需要通过特殊标签加以说明。

FDA还提出，不推荐在标签上使用“GMO free”（无转基因成分）或“not genetically modified”（非基因修饰）等词语，因“无”意味着0，而目前定量检测的最低阈值为0.01%，故“0”是无法被证明的；由于传统育种也会导致物种基因的改变，因此基因修饰不能专指转基因食品。

美国至少有25个州曾考虑推行转基因食品强制性标识立法，然而最终都在投票表决时被否决了。俄勒冈州最早于2002年提出转基因食品强制标识立法提案，最终以70%反对和30%赞成被否决；2013年11月，华盛顿州的转基因食品强制标识提案以55%反对和45%赞成被否决。

四、欧盟转基因食品的标识

欧盟最早制定了转基因食品的强制标识政策。1997年，欧盟通过258/97号条例，要求在欧盟范围内对所有转基因产品（食品/饲料）进行强制性标识管理，并设立了对转基因食品进行标识的最低限量，即当食品中某一成分的转基因含量达到1%时，必须进行标识。2002年，欧盟颁布1830/2003号令，再次对其转基因标识管理政策进行修改，将标识的最低限量降低到0.9%。

欧盟转基因标识管理主要由欧洲食品安全局（EFSA）给出推荐性意

见。EFSA规定食品标签是对食品质量特性、安全特性、食用、饮用说明的描述，是生产商的自我声明，也是消费者选购食品的第一依据，正确的标签有助于消费者做出信息充足的选择。根据法规1830/2003/EC的要求，转基因食品的标签包括以下两种情况。

（1）对于含有转基因成分的预包装食品，含有2种以上成分，“该产品含有基因改良生物体”或者“该产品含有基因改良成分（生物体的名称）”的字样应出现在标签上。

（2）如果用于提供给最终消费者的食品是非预包装食品，或者包装的尺寸非常小，要求“该产品含有基因改良生物体”或者“该产品含有基因改良成分（生物体的名称）”的信息应在产品的主要展示版面或者附带的展示版面，或者在包装材料上展示，展示信息应清晰可读。

关于豁免的规定，根据1829/2003/EC，含有的转基因成分低于0.9%的食品不需要标识。另外，如果混入食品中的转基因成分来源于尚未被欧盟批准上市销售的转基因品种，尽管其已经被EFSA认为不具有风险，其中含有的转基因限量（阈值）也只有低于0.5%时才能被免除标识。此外，生产者还应向管理局提供充足的证据充分证明其已经在每个适当的步骤中采取了措施以避免转基因的污染。

五、日韩两国转基因食品的标识

（一）日本

2001年，日本发布了《转基因食品标识标准》，确定了转基因产品标识制度。

日本把转基因食品分为3类，它们的标识规定不同：①转基因农产品及其加工成的食品在组分、营养、使用等方面与传统农产品和加工品无实质等同性，这类产品必须标识，比如高油酸大豆、豆油及其产品。②与传统农产品具有实质等同性，且外源基因或其编码的蛋白质在加工后依然存在的食品，这类产品只要转基因成分含量高出阈值，就必须标识。③与传统食品具有实质等同性，加工后不存在外源基因或其编码的蛋白质的食品，这类产品可以选择自愿标识。此外，非转基因农产品及其加工食品进行自愿标识，可标识为“非转基因”。对标有“非转基因”的产品实行严格的IP认证管理。同时，日本规定国内不存在转基因生物的食品不能进行非转基因标识。

日本转基因食品的标识阈值为5%，即食品主要原料中批准的转基因成分达到5%后才需要强制性标识，而对于未批准的转基因生物，转基因食品的标识阈值为0。

日本的转基因标识目录包括已经通过日本转基因安全性认证的大豆、玉米、马铃薯、油菜籽、棉花、三叶草、甜菜7种农产品及其加工产品。

（二）韩国

韩国对转基因农产品和食品实行强制标识制度。目前，韩国有两种转基因产品的标识办法，一个是转基因农产品标识办法，另一个是转基因食品标识办法。转基因农产品是指未经粉碎、切割、压榨、加热等加工方式，保持原型状态的农产品，包括豆芽及芽苗菜。通过安全评价审批的转基因农产品，无论进口或者在国内生产种植，均需要标识。可能意外混入的转基因农产品含量不超过3%的，可以不进行标识，但将根据检测技术的精确度及国际动向等因素逐渐降至1%。韩国现已通过安全评价审批的转基因农产品有大豆、豆芽、玉米、马铃薯、棉花、油菜、甜菜7种。另外，韩国对于转基因食品按目录标识，已列出目录的有28类食品，并规定食品成分中前5种主要原材料（按重量计）为转基因的，需要进行标识。

六、其他国家转基因食品的标识

在澳大利亚和新西兰，为转基因食品添加识别标签是强制的。所有来源于使用了基因技术的有机产品，或含有来源于使用了基因技术的有机产品成分的食物，都需要强制添加标签；所有会在最终食物中出现异常DNA或蛋白的转基因食品和材料都需要强制添加标签；某些特定的包含转基因食品或材料作为其主要组分的食物，其最终食物中会出现异常DNA或蛋白，需要强制添加标签。

第四节　转基因食品的食用安全管理

一、国际食品法典委员会

国际食品安全标准主要由国际食品法典委员会（CAC）制定，这是联合国粮食及农业组织（FAO）和世界卫生组织（WHO）共同成立的，是政府间协调各成员国食品法规标准和方法的唯一国际机构。其所制定的食品标准被世界贸易组织（WTO）规定为国际贸易争端裁决的依据。CAC于2003年起先后通过了4个有关转基因生物食用安全性评价的标准。依据国际标准，目前国际上对转基因生物的食用安全性评价主要从营养学评价、新表达物质毒理学评价、致敏性评价等方面进行评估。各国安全评价的程序和方法虽然有所不同，但总的评价原则都是按照国际食品法典委员会的标准制定的，包括科学原则、比较分析原则、个案分析原则等。转基因食品入市前都要通过严格的安全评价和审批程序，比以往任何一种食品的安全评价都要严格。

二、中国转基因食品食用安全管理

中国政府一直十分重视转基因生物及其产品的安全性管理，相继出台了一系列管理条例和管理办法。1992年，卫生部颁布了《新资源食品卫生管理办法》（已废止）；1993年12月24日，国家科学技术委员会颁布了《基因工程安全管理办法》（已废止）；1996年7月10日，农业部颁布了《农业生物基因工程安全管理实施办法》，并于1996年11月正式实施；2001年5月23日，国务院颁布了《农业转基因生物安全管理条例》。2000年8月8日，我国签署了《国际生物多样性公约》下的《卡塔赫纳生物安全议定书》，国务院于2005年4月27日，批准了该议定书，中国正式成为缔约方。在中华人民共和国境内从事农业转基因生物的研究、试验、生产、加工、经营和进口、出口活动，必须遵守以上条例和办法。

2002年1月15日，农业部同时发布了3条农业部令：《农业转基因生物安全评价管理办法》《农业转基因生物进口安全管理办法》和《农业转基因生物标识管理办法》，并于2002年3月20日开始实施。《农业转基因生物安全评价管理办法》评价的是农业转基因生物对人类、动植物、微生物和生态环境构成的危险或者潜在的风险。安全评价工作按照植物、动物、微生物3个类别，以科学为依据，以个案审查为原则，实行分级分阶段管理。该办法具体规定了转基因植物、动物、微生物的安全性评价的项目、试验方案和各阶段安全性评价的申报要求。《农业转基因生物标识管理办法》规定，不得销售或进口未标识和不按规定标识的农业转基因生物，其标识应当标明产品中含有转基因成分的主要原料名称，有特殊销售范围要求的，还应当明确标注，并在指定范围内销售。进口农业转基因生物不按规定标识的，重新标识后方可入境。《农业转基因生物进口安全管理办法》规定，对于进口的农业转基因生物，按照用于研究和试验的、用于生产的以及用作加工原料的3种用途实行管理。进口农业转基因生物，没有国务院农业行政主管部门颁发的农业转基因生物安全证书和相关批准文件的，或者与证书、批准文件不符的，作退货或者销毁处理。

为加强转基因食品的监督管理，保障消费者的健康权和知情权，2009年2月28日，第十一届全国人民代表大会常务委员会第七次会议通过的《中华人民共和国食品安全法》，对食品安全包括转基因食品的风险检测与评估、许可、记录、标签以及跟踪召回制度和法律责任等都做了详细规定，为我国转基因食品安全的监管和保障提供了宏观依据。2009年7月20日，国务院根据《中华人民共和国食品安全法》，制定了《中华人民共和国食品安全法实施条例》，该条例进一步强化了各部门在食品安全监管方面的职责。

中国转基因产品食用安全性评价的内容

目前，中国转基因产品食用安全性的评价主要包括3个方面，即毒理学评价、致敏性评价和营养学评价。

（1）转基因食品的毒理学评价包括新表达蛋白质与已知毒蛋白和抗营养因子氨基酸序列相似性的比较，新表达蛋白质热稳定性试验，体外模拟胃液蛋白质消化稳定性试验。当新表达蛋白质无安全食用历史，安全性资料不足时，必须进行急性经口毒性试验；必要时应进行免疫毒性检测评价。新表达的物质为非蛋白质，如脂肪、碳水化合物、核酸、维生素及其他成分等，其毒理学评价可能包括毒物代谢动力学、遗传毒性、亚慢性毒性、慢性毒性/致癌性、生殖发育毒性等方面。而有关全食品的评价，亚慢性毒性试验是必需的，其他具体还需进行哪些毒理学试验采取个案分析的原则。

（2）转基因食品中由于引进了新基因，其表达的新蛋白质可能引起过敏反应。因此，转基因产品致敏性是需要严格监控的指标。主要评价方法包括基因来源、与已知过敏原的序列相似性比较、对过敏患者的血清进行特异性IgE抗体结合试验、定向筛选血清学试验、模拟胃肠液消化试验和动物模型试验等，最后综合判断其潜在致敏性。如果判定为有致敏的可能，该产品就会被取消研发和上市的资格。

（3）转基因食品在营养学评价上需要比较的主要内容有：主要营养因子、抗营养因子和营养生物利用率等。主要营养因子包括脂肪、蛋白质、碳水化合物、矿物质、维生素等；抗营养因子主要是指一些能影响人对食品中营养物质吸收和对食物消化的物质，如豆科作物中的一些蛋白酶抑制剂、脂肪氧化酶、植酸等。除了成分比较外，必须分析所转基因表达的目标物质在食品中的含量；按照个案分析的原则，如果是以营养改良为目标的转基因食品，还需要对其营养改良的有效性进行评价。

三、美国和加拿大转基因食品食用安全管理

1. 美国

美国食品和药物管理局（FDA）在20世纪80年代颁布了《联邦食品、药品和化妆品条例》，对转基因食品实行安全管理。1986年，美国总统办公厅科技政策办公室发布《生物技术协调框架》，并于1992年对此做了修订，该协调框架阐明了美国生物安全管理的基本原则，即美国的环保局（EPA）、农业部（USDA）、食品和药物管理局根据规章行使生物安全监督职责应基于食品本身的特征和风险，而不应根据所采用的技术，而且生物技术食品的安全应根据各个食品的情况逐案鉴定。其中农业部负责植物、兽用生物制品以及一切涉及植物病虫害等有害生物的产品的管理；环境保护局负责植物性农药、微生物农药、农药新用途及新型重组微生物的管理；食品药物局负责食品及食品添加剂、饲料、兽药、人药及医用设备的管理。

2. 加拿大

加拿大对转基因食品的管理与美国相似。加拿大于1985年颁布了《食品和药品法》；1993年，制定了对生物技术产业的管理政策，规定政府要利用《食品和药品法》和管理机构对转基因农产品进行管理，具体的管理机构为卫生部产品安全局、农业部食品检验局、加拿大环境部；1994年，发布新食品安全性评估标准；1995年，《食品和药品法》中又增加了《新

型食品规定》，从而进一步加强了对转基因食品的管理。

四、欧盟转基因食品食用安全管理

由于欧盟对转基因食品的安全性一直持谨慎态度，欧盟的转基因法规体系也比较系统和全面，其转基因生物安全管理基于研发过程中是否采用了转基因技术。

2004年开始，欧洲食品安全局（EFSA）以及欧洲委员会负责评估所有新推出的生物技术产品的安全性评价，决定是否允许该产品进入欧盟市场。现行的转基因生物安全管理法规依然有水平系列和产品系列两类法规，主要包括：《关于转基因生物有益环境释放的指令（2001/18/EC）》和《关于转基因微生物封闭使用的指令（98/81/EC）》；《关于转基因食品和饲料条例（1829/2003）》及其实施细则条例（641/2004）和《关于转基因生物的可追踪性和标识及由转基因生物制成的食品和饲料产品的可追踪性条例（1830/2003）》。此外，欧盟允许各成员国通过各国卫生部或农业部所属的国家食品安全相关机构制定本国的农业转基因生物安全管理法规体系。因此，比较而言，欧盟及其成员国转基因生物安全管理法规体系比较复杂，意见难以统一，决策时间长。

五、日本转基因食品食用安全管理

日本采取基于生产过程的管理措施，即对生物技术本身进行安全管理。1979年初，日本厚生劳动省颁布了《重组DNA实验管理条例》。其中规定，转基因作物田间种植后用作食品或饲料，必须在田间种植和上市流通之前，逐一地对其环境安全性、食品安全性和饲料安全性进行认证。1989年日本农林水产省颁布了《农、林、渔及食品工业应用重组DNA准则》。2000年5月1日起，食品安全性必须遵守由厚生劳动省制定的《食品和食品添加剂指南》；饲料安全性必须遵守由农林水产省制定的《在饲料中应用重组DNA生物体的安全评估指南》。根据以上几点由开发者先进行安全性评价，然后再由政府组织专家进行审查，确认其安全性。

第二章 转基因生物环境安全

第一节 转基因植物环境安全评价

随着转基因技术的兴起和快速发展及转基因生物的大规模商业化应用，转基因植物的种植可能带来的生态安全问题逐渐成为国际社会普遍关注的热点和焦点。为了充分发挥转基因作物的优势，阻止或降低其可能带来的生态风险，确保转基因技术的健康和可持续发展，在转基因作物大规模商业化种植前都必须对其进行系统、严格的安全性评价，这是目前各国对转基因作物风险管理的共识。以抗虫转基因作物为例，生态安全评价的内容主要包括：①遗传稳定性评价；②功能效率评价；③基因漂移及生态后果评价；④生存竞争能力评价；⑤非靶标生物影响评价；⑥对生物群落结构及生物多样性影响评价；⑦靶标害虫抗性进化等。根据国际通行做法，对转基因作物进行风险评价时，一般要遵循科学透明原则、预防原则、个案分析原则、渐进原则、熟悉原则和实质等同原则。我国政府对转基因作物的商业化利用持积极而谨慎的态度，既充分肯定转基因技术对农业生产力的巨大推动作用，积极支持和推进转基因生物的研发利用，也充分考虑转基因作物的种植对生态环境及人类健康可能带来的潜在风险，高度重视转基因作物的安全性评价。目前，我国已初步建立起了相对完善的转基因植物安全评价技术体系、研究平台和人才队伍，为促进我国转基因技术的发展和应用奠定了基础。

一、遗传稳定性

转基因植物在生产实践中的应用，标志着我国农业发展进程的高科技化和现代化，并为早日实现粮食安全、食品安全、环境安全提供了可行之路。转基因植物研发的目的就是通过高科技手段，高效、快速地培育植物新品种，有目的地使作物获得抗虫、抗病、优质、高产等优良性状；或利用植物生产药物、疫苗等（金万梅等，2005；金安江等，2011）。目的基因（或性状）在转基因植物中的遗传稳定性是决定转基因植物研发成败的关键因素，任何转基因植物在进入生产实践之前，必须经过遗传稳定性的检验。总体上说，转基因植物遗传稳定性检验包括目的基因整合稳定性检验、目的基因表达稳定性检验和目标性状稳定性检验3个方面（图2-1）。

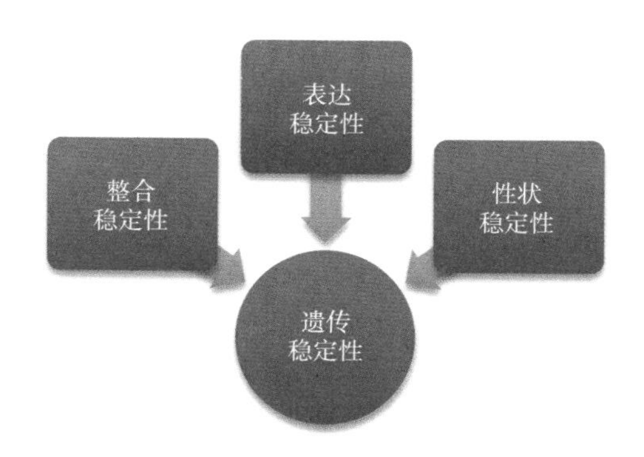

图2-1　转基因植物目的基因遗传稳定性检验包含的内容

1. 目的基因整合稳定性检验

目的基因整合稳定性检验的目的是保障目的基因的DNA序列稳定存

在于转基因植物自身及其繁殖后代的基因组中，为了保证检测结果的可靠性，一般要检测转基因植物多个世代的基因组中是否含有目的基因。整合稳定性检验用到的生物学技术主要包括聚合酶链式反应技术（Polymerase Chain Reaction，PCR）和Southern印迹杂交技术（Southern Blot）。PCR反应是特异性复制基因片段的技术，可以定性地检验目的基因的有无；而Southern Blot技术则是利用独特的DNA探针特异性识别基因组序列的技术，不仅可以定性分析目的基因的有无，也可以定量分析目的基因在基因组中的拷贝数。目的基因整合稳定性检验的一般过程可以归纳为：①分别采集不同世代转基因植物植株样品，并提取基因组DNA；②以提取的基因组DNA为模板分别进行PCR和Southern Blot反应；③分析并比较来源于不同世代植株的结果并得出结论。

下面以我国自主研发的转基因抗虫水稻——华恢1号为例，介绍转基因植物目的基因整合稳定性检验的方法（图2-2）。华恢1号是我国首例具备自主知识产权的转基因水稻，它不同于常规水稻的特征是其体内可以产生具有杀灭几种鳞翅目害虫能力的蛋白质——Cry1Ab/Ac融合蛋白，正因如此，它具有仅针对这几种鳞翅目害虫，而对其他生物安全的杀灭能力。所以，对于华恢1号的目的基因整合稳定性检验，便是检验编码Cry1Ab/Ac融合蛋白的基因序列是否存在于华恢1号及其后代基因组中。Cry1Ab/Ac融合蛋白基因的碱基序列、基因大小及在水稻基因组中的插入位点等都是已知的，利用这些信息，可以设计PCR或Southern Blot反应体系，从而特异性检验Cry1Ab/Ac融合蛋白基因。最终，利用PCR技术和Southern Blot技术，在华恢1号多个世代繁育过程中观察到其整合的Cry1Ab/Ac融合蛋白基因与其他核基因一样可以通过花粉传递到下一代，并且Cry1Ab/Ac融合蛋白基因的遗传规律符合单因子孟德尔遗传规律，表明外源Cry1Ab/Ac融合蛋白基因已稳定地整合到核基因组中。

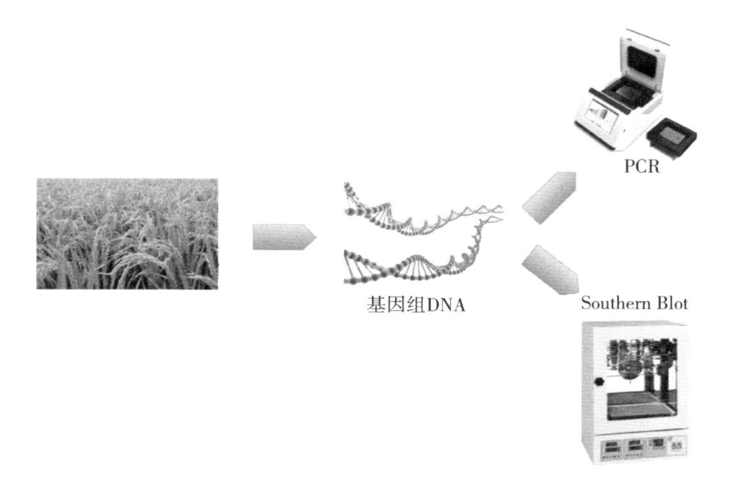

图2-2　华恢1号目的基因整合稳定性检验

2. 目的基因表达稳定性检验

基因组DNA是一切生物的遗传物质的基础，DNA经过转录称为RNA，RNA经过翻译称为蛋白质。DNA和RNA是由碱基化合物组成的，而蛋白质则是由氨基酸组成的。基因组DNA是每种生物遗传信息的载体，蛋白质才是每个生物体遗传性状体现的执行者，而RNA的作用则更像是DNA控制蛋白质特性的中间体。由DNA转录为RNA的过程和RNA翻译蛋白质的过程都可以称为基因表达。目的基因表达稳定性检验的目的，就是为了保障目的基因转录的RNA和其翻译的蛋白质在转基因植物体内具有稳定的表达量，为了保证检测结果的可靠性，同样要求检测转基因植物多个世代植株体内外源RNA和蛋白质的表达情况。表达稳定性检验用到的生物学技术包括定量聚合酶链式反应（Quantitative Polymerase Chain Reaction，qPCR）、Northern印迹杂交技术（Northern Blot）、Western印迹杂交技术（Western Blot）和酶联免疫吸附测定法（Enzyme-Linked Immunosorbent Assay，ELISA）。qPCR反应是特异性检验目的基因的RNA在植物体内表达含量的技术，它与PCR技术的区别在于不仅可以定性检测RNA在特定植物组织或器官内是否表达，而且可以定量分析RNA在组织或器官内的表达量高低；Northern Blot反应则是利用独特的RNA探针（Southern Blot反应利用的是DNA探针），特异性识别转基因植物组织或器官内目的基因的RNA，与qPCR反应一样，Northern Blot反应可以同时检测目的基因RNA在特定组织或器官中表达与否和表达量的高低；而Western Blot反应则是要用到特殊的蛋白质抗体，由于这个抗体可以特异性识别目的基因编码的蛋白质，所以可以用它定性检测目的蛋白在转基因植物特定组织或器官内是否表达；ELISA反应中同样用到了特异性的蛋白质抗体，它与Western Blot反应的不同之处在于，虽然ELISA技术同样可以定性检测目的蛋白的有无，但是该技术侧重定量检测目的蛋白在转基因植物特定组织或器官中的含量。目的基因表达稳定性检验的一般过程可以概括为：①分别采集不同世代转基因植物植株样品，并分别提取不同组织或器官的总RNA和总蛋白质；②使用qPCR反应和Northern Blot反应检测目的基因RNA的表达量；③使用Western Blot反应和ELISA反应检测目的蛋白的含量，分析并比较来源于不同世代植株的结果并得出结论。

同样以华恢1号为例，其目的基因表达稳定性检验就是针对Cry1Ab/Ac融合蛋白基因的RNA和其编码的蛋白质（即Cry1Ab/Ac融合蛋白），检测其在转基因水稻特定组织或器官中的表达情况。利用已知的Cry1Ab/Ac融合蛋白基因的碱基序列信息，可以设计针对该基因的qPCR反应体系和Northern Blot反应体系；而利用纯化的Cry1Ab/Ac融合蛋白，则可以得到其特异性蛋白抗体，以用于Western Blot反应体系和ELISA反应体系（图2-3）。运用上述体系，华恢1号的RNA表达稳定性研究表明，插入的Cry1Ab/Ac融合蛋白基因的RNA在华恢1号体内的表达不具有组织和发育特异性，稻株的各器官，如根、茎、叶等均能稳定表达Cry1Ab/Ac融合蛋白基因的RNA。此外，在近10年的针对不同世代植株的试验过程中，从未观察到插入的外源目的基因——Cry1Ab/Ac融合蛋白基因发生基因沉默的现象；而对Cry1Ab/Ac融合蛋白表达量的分析表明，华恢1号叶片中Cry1Ab/Ac融合蛋白的有效表达量约占可溶性蛋白质的0.01%，并且，Cry1Ab/Ac融合蛋白在不同地理位置

（湖北荆州、福建福州和安徽宣城）和不同生长时期（分蘖期、拔节期、齐穗期和成熟期）采集的根、茎、叶、颖果4种组织器官中均有稳定表达，其平均表达量分别为0.25~0.92μg/g、1.26~1.83μg/g、1.88~2.36μg/g和1.58~1.85μg/g。以上研究结果说明，Cry1Ab/Ac融合蛋白基因在不同世代的植株内具有稳定的表达特性。

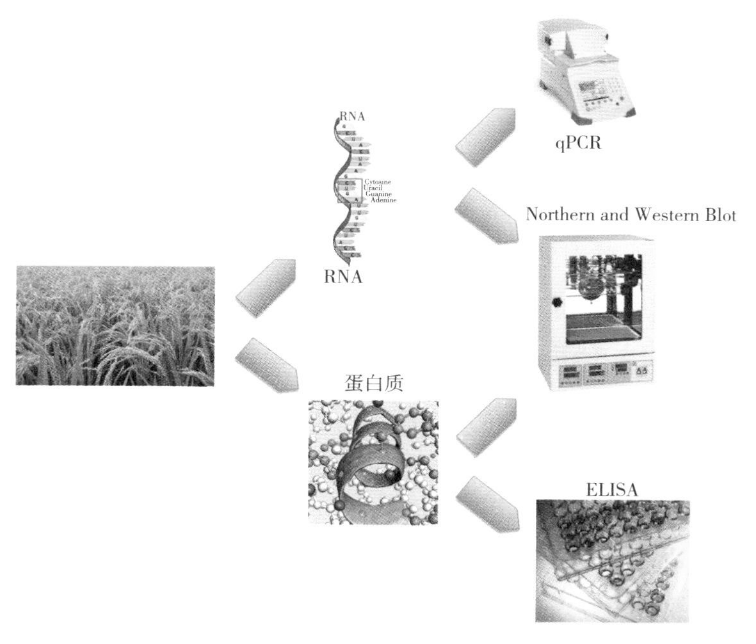

图2-3　华恢1号目的基因表达稳定性检验

3. 目标性状稳定性检验

转基因植物的目的性状即是由外源基因表达带来的生物功能的体现。目标性状稳定性检验的目的是保障目的基因控制的外源性状可在转基因植物自身及其多个世代植株的种植过程中稳定表现出来。对于不同研发目标的转基因植物，其目标性状稳定性的检测方法可能大不相同。例如，转基因抗虫作物（如华恢1号和转基因抗虫棉花）或转基因抗病作物（如转基因抗病毒的木瓜）的外源性状主要体现在对靶标害虫或靶标病毒的杀灭或控制能力，因此，对于这类转基因植物目标性状稳定性的检验，即是检测该转基因植物及其不同世代的植株对靶标生物的防控能力，一般可以分为室内毒力测定试验和田间防效试验两个部分。而特定营养成分改良的转基因作物（如“黄金大米”）的外源性状主要体现在其果实内该营养成分的含量水平，因此，这类转基因植物目标性状稳定性的检验，即是检测转基因植株果实内特定营养成分的含量，通常包括温室培养植株营养成分检测和田间生长植株营养成分检测等。还有一类转基因作物为转基因耐除草剂作物（如转基因耐除草剂玉米），它的外源性状主要体现在对特定类别除草剂的耐受能力，因此，检测不同世代的转基因植株对除草剂的耐受性即是此类转基因植物目的性状稳定性检验的主要内容，同样也包括温室除草剂喷雾试验和田间除草剂耐受性试验。

仍然以抗虫转基因水稻华恢1号为例，其目标性状稳定性检验包括针对不同世代植株的室内抗虫性测定和田间抗虫性测定。转基因水稻室内抗虫性测定是指，在适宜靶标害虫生长发育的室内环境下，人工将靶标害虫放置于离体的转基因水稻茎秆或叶片处，任其取食，统计害虫在取食水稻组织后的存活比率，并与常规水稻组织相比较，从而总结其相对于常规水稻的抗虫性。室内抗虫性测定的特点是在尽可能地排除外界因素干扰的情况下，重点评估转基因水稻自身的抗虫属性。转基因水稻的田间抗虫性测定是指在大田自然种植条件下，通过调查和比较相同区域内、转基因抗虫水稻和常规水稻田块靶标害虫种群数量及其变化动态，统计转基因水稻对靶标害虫种群的控制效率。田间抗虫性测定的特点是重点评估转基因水稻抗虫属性在自然环境下的发挥程度。自华恢1号品种研发以来，先后进行了多次室内试验和田间试验，各阶段的试验结果均表明华恢1号无论是在室内抗虫性测定还是在田间抗虫性测定的过程中，对二化螟、三化螟和稻纵卷叶螟等鳞翅目害虫均有显著而且稳定的抗性。与常规水稻相比，华恢1号对二化螟、三化螟的抗虫效果达94%以上；对稻纵卷叶螟的抗虫效果达83%以上。由以上结果可知，华恢1号不同世代植株可稳定表达抗虫性（图2-4）。

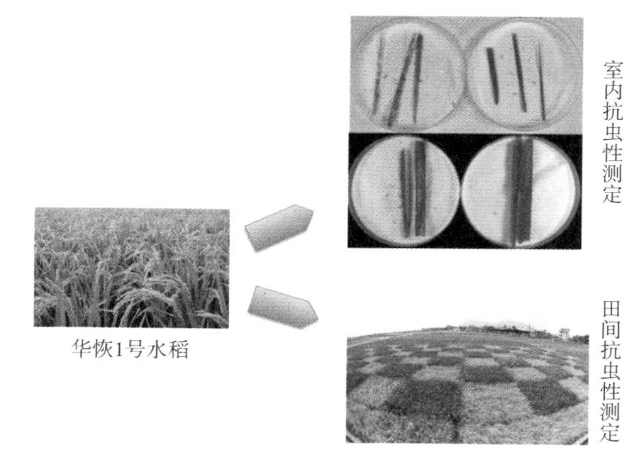

图2-4　华恢1号目的基因整合稳定性检验

二、功能效率评价

转基因作物自1996年商业化种植以来，全球种植面积由1996年的110万hm^2快速发展到2014年的1.815亿hm^2，累计种植面积达17.8亿hm^2，仅2014年的种植面积就远超我国的耕地总面积，主要种植的转基因作物包括大豆、玉米、棉花和油菜四大类（ISAAA，2014）。转基因植物之所以在现代农业中快速应用，主要与其表现的优良性状有关。

目前，已经商业化种植或正在研究的转基因作物涉及抗病虫害、抗非生物逆境、品质改良、养分高效利用和植物反应器等目标性状。例如抗黄瓜花叶病毒（CMV）病、抗番木瓜环斑病毒（PRSV）病、抗烟草花叶病毒（TMV）病等抗病性状；抗棉铃虫、玉米螟、马铃薯甲虫、水稻螟虫、茄子食心虫等抗虫性状；抗草甘膦、抗草丁膦、抗旱、耐盐等抗逆性状；提高植物赖氨酸、不饱和脂肪酸、植酸酶、维生素、蛋白质、淀粉含量等品质改良性状；提高植物氮磷钾肥利用率等营养性状；通过转基因技术，以植物为表达系统生产药用抗体、酶、结构蛋白、抗原（疫苗）、生物质（生物塑料）和药物等。正是这些优良性状基因的导入，使转基因作物与常规作物相比，增加了抗病虫害、抗旱抗涝、品质提升、减少化学药剂使用等方面的优势。

转基因作物品系培育出来之后，在自然条件下是否具有预期的目的优良性状，如抗虫转基因作物能不能抑制靶标害虫的发生，则需要对其进行功能效率评价。农业农村部出台的《农业转基因生物安全评价管理办法》中明确规定，在安全评价工作中，必须提供自然条件下转基因植物的功能效率评价报告。

1. 转基因作物功能效率评价的主要内容

功能效率评价依据转基因作物的特异目标性状，按照个案原则具体进行。如抗虫的转基因植物，需要提供对靶标害虫的抗性效率试验数据。抗性效率指抗虫转基因植物对靶标生物综合作用的结果，通过比较转基因品种与受体品种（接受外源基因转入的品种，一般为转基因植物的对照常规品种）在靶标生物发生数量与为害程度、植物长势及产量等方面的差别进行评价。以转基因抗虫作物为例，其功能效率评价的主要内容可以通过图2-5表示。

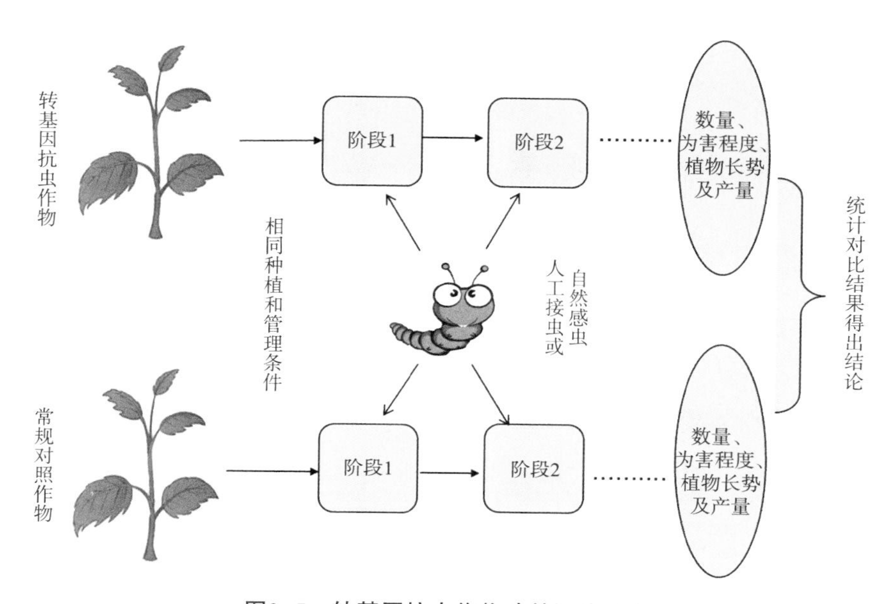

图2-5　转基因抗虫作物功效评价示意

注：阶段1、2表示转基因植物研究的不同阶段

2. 转基因作物功能效率评价的方法

由于导入外源基因的差异，转基因作物具有不同的目标性状，因此功能评价具体方法要根据其特有的目标性状而设计。如抗病虫转基因作物，农业农村部出台的《农业转基因生物安全评价指南》规定：抗病虫转基因植物需提供在室内和田间试验条件下，转基因植物对靶标生物的抗性生测报告、靶标生物在转基因品种及受体品种田季节性发生为害情况和种群动态的试验数据与结论。

下面我们以已经在我国获得转基因生物安全证书的转*Bt*抗虫水稻华恢1号、以华恢1号为亲本培育的抗虫杂交稻组合Bt汕优63为例，介绍功能效率评价的室内生测和田间试验方法。

（1）转*Bt*抗虫水稻产生的背景

在我国的水稻种植生产中，害虫发生会严重影响水稻产量，但是控制病虫害的发生，必须大量使用化学农药，既污染环境，又增加了农民的种植成本。水稻上的重要害虫包括二化螟、三化螟、稻纵卷叶螟等俗称为蛾子的鳞翅目害虫，其幼虫可以归类为我们俗称的毛毛虫，它们通过取食水稻组织而为害水稻生长发育。如图2-6所示，二化螟与三化螟蛀食水稻叶鞘、心叶、幼穗，造成枯心苗与白穗。稻纵卷叶螟取食水稻叶片，造成水稻叶片纵卷和白叶。3种害虫每年对我国水稻生产造成的经济损失超过150亿元人民币。

如何方便有效地控制这些水稻螟虫，减少化学农药的过度使用，科学家们想出了在水稻中转入*Bt*杀虫蛋白基因的办法。*Bt*杀虫蛋白基因来自一种自然界中广泛存在且肉眼看不到的一类微小细菌，即苏云金芽孢杆菌（*Bacillus thuringiensis*，Bt）。如图2-7所示，苏云金芽孢杆菌在土壤、根际及叶面上存在营养体、孢子和伴孢晶体复合体两种形态。在伴孢晶体中约含有上百种杀虫蛋白，对鳞翅目、鞘翅目等昆虫具有杀伤作用，但每种蛋白的杀虫谱具有特异性，即仅可以杀死一类害虫。100多年前，人类就开始将Bt菌制成生物农药以杀灭害虫。但由于Bt生物制剂在田间易降解等缺点而限制了其应用。随着基因克隆及操作技术的发展，我们可以从Bt细菌中克隆特定的杀虫蛋白基因，并通过转基因技术将杀虫蛋白基因导入植物，让植物自行表达杀虫蛋白以控制害虫。近20年来，包括棉花、玉米等转*Bt*基因抗虫作物已在全球范围内广泛种植，有效控制了靶标害虫的为害。如转*Bt*基因抗虫水稻华恢1号，转入的*cry1Ab/Ac*融合杀虫蛋白基因针对二化螟、三化螟和稻纵卷叶螟等靶标害虫，而对其他生物无杀伤作用。

A. 水稻二化螟、三化螟及其为害状

B. 稻纵卷叶螟及其为害状

图2-6 二化螟、三化螟和稻纵卷叶螟幼虫及其为害状

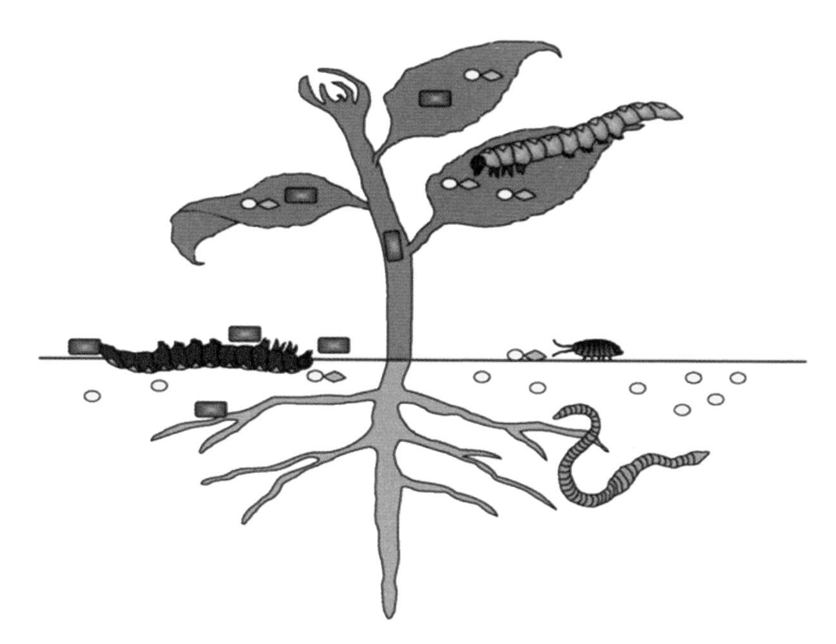

图2-7 苏云金芽孢杆菌（*Bacillus thuringiensis*）在自然界的分布示意（Raymond等，2010）

注：矩形方块表示其营养体；椭圆形表示其芽孢；菱形方块表示其伴孢晶体

（2）转*Bt*基因抗虫水稻的室内杀虫活性生测

室内生测是快速测定转*Bt*抗虫作物活性的一种方法，一般流程为：在作物的不同生育期，采集相同条件下种植的转*Bt*抗虫作物与受体品种（非转基因对照）的组织，供靶标害虫取食，一段时间后记录植物组织被害情况、统计靶标害虫的存活情况，从而测定转*Bt*抗虫作物的杀虫效率。如图2-8所示，采集转*Bt*基因抗虫水稻华恢1号和非转基因水稻明恢63叶片，接入稻纵卷叶螟幼虫，5天后观察结果。结果表明，明恢63叶片被害非常严重，呈枯黄状，接入的稻纵卷叶螟幼虫存活率高；而华恢1号叶片上仅有少量取食斑点，稻纵卷叶螟幼虫取食后两三天内即全部死亡。

该方法具有快速、简易等特点，但只能测定转基因抗虫作物的杀虫活性，不能全面评价害虫的为害情况、转基因抗虫作物的长势及产量等农艺性状。

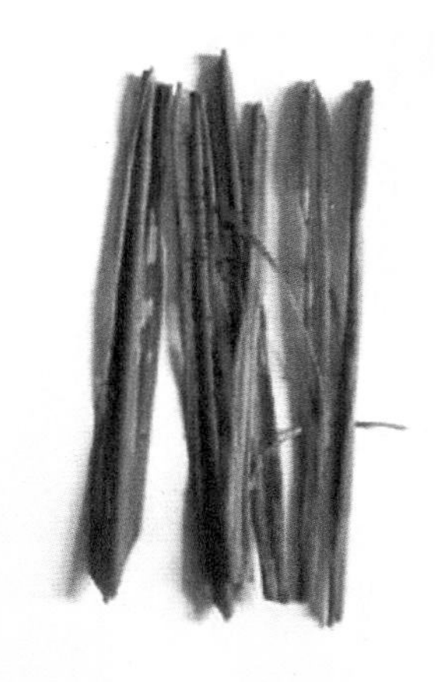

图2-8　转*Bt*抗虫水稻华恢1号的室内抗虫测定

（3）转基因抗虫作物功能效率的田间试验

田间试验能够直接全面评价转基因抗虫作物的功能效率。按转基因作物研究的不同阶段和国家法律法规规定的具体标准，在试验田中种植一定面积的转基因抗虫作物和对照作物，调查作物全生育期内靶标害虫的为害情况及其种群动态、作物生长状况及产量等农艺性状，全面评价转基因抗虫作物的功能效率。在进行抗虫效率评价时，可以人工接入害虫或者让害虫自然发生；试验小区必须严格依照统计学原理设置，如两种作物随机区组种植；生物学重复必须在3次以上。下面我们以转*Bt*基因抗虫水稻华恢1号、以华恢1号为亲本培育的抗虫杂交稻组合Bt汕优63的田间抗虫试验为例，了解转基因抗虫作物功能效率评价的田间试验相关知识。

以转*Bt*基因抗虫水稻华恢1号为例，其田间功能效率评价如图2-9所示，在同样的栽培与管理条件下，非转基因水稻明恢63（中间一行）被稻纵卷叶螟严重为害，白叶率很高，而华恢1号（两侧）则几乎没有稻纵卷叶螟的取食痕迹（A图）；人工接入三化螟后，明恢63（B图左边）被害严重，白穗率很高，而华恢1号（B图右边）几乎没有白穗。

图2-9　华恢1号和对照亲本明恢63的害虫为害及表型性状

田间试验调查所得数据必须按照科学的方法进行统计分析，以获得正确的结论，以下是转*Bt*基因抗虫水稻的部分田间数据（表2-1至表2-3）。数据分析结果表明，无论在人工接虫或自然发生情况下，与对照水稻相比，转*Bt*基因抗虫水稻对二化螟、三化螟、稻纵卷叶螟均具有良好的抗虫性，且抗虫性在水稻的整个生育期表现稳定（表2-1，表2-2）；2000年通过随机区组试验，对以华恢1号为亲本配制的杂交稻Bt汕优63、BtⅡ优63、Bt协优63和Bt马协63进行产量试验，并以非转基因杂交稻汕优63为对照。设置两组处理：①按照当时害虫防治的通用做法，喷施农药防治非转基因杂交稻汕优63稻田中的鳞翅目害虫，转基因抗虫水稻稻田中不施农药防治鳞翅目害虫；②不管在转基因稻田还是非转基因稻田均不施任何化学农药防治鳞翅目害虫。试验结果表明（表2-3），在两组处理中，转*Bt*基因杂交稻与非转基因杂交稻汕优63相比均显著增产。即使在非转基因杂交稻汕优63稻田喷施农药防治鳞翅目害虫，转*Bt*基因杂交稻产量仍然比汕优63增产53%~65%；如果在非转基因杂交稻汕优63稻田不喷施农药防治鳞翅目害虫，转*Bt*基因杂交稻比非转基因杂交稻汕优63增产192%~249%。转*Bt*基因杂交稻增产的主要原因是非转基因杂交稻汕优63被螟虫为害极为严重，即使喷施农药，也难以完全控制。以上结果充分说明了鳞翅目害虫对水稻为害的严重性，同时也说明了转基因抗螟虫水稻不但能够提高杂交水稻的产量，还可以大大减少农药的施用量从而提高稻米的卫生和食用品质，在保护自然生态环境等方面具有广阔的应用前景。

表2-1 华恢1号在大田栽培条件下对人工接虫的三化螟的抗性反应（武汉，1999）

品系	重复	测试株数	单株分蘖数	孕穗期		灌浆期	
				枯心株率（%）	单株枯心率（%）	白穗株率（%）	单株白穗率（%）
华恢1号	Ⅰ	62	21.4	4.8	0.3 ± 1.3	9.7	0.4 ± 1.6
	Ⅱ	62	25.1	6.5	0.2 ± 0.9	12.9	0.7 ± 2.1
	Ⅲ	62	21.4	1.6	0.1 ± 1.1	3.2	0.1 ± 0.7
	平均	62	22.6	4.3*	0.2 ± 1.1*	8.6**	0.4 ± 1.5**
明恢63/CK	Ⅰ	62	21.7	100.0	35.7 ± 11.2	100.0	97.0 ± 5.7
	Ⅱ	62	21.4	100.0	45.1 ± 13.5	100.0	90.5 ± 11.6
	Ⅲ	62	19.4	100.0	44.6 ± 14.9	100.0	95.2 ± 9.3
	平均	62	20.8	100.0	41.8 ± 13.2	100.0	94.2 ± 8.9

*与对照的差异达5%显著水平；**与对照的差异达1%显著水平。

资料来源：《转*cry1Ab/Ac*基因抗虫水稻华恢1号在湖北省生产应用的安全证书》申报书资料。

表2-2 Bt汕优63在大田栽培条件下对自然发生的稻纵卷叶螟和三化螟的抗性反应[a]（武汉，1999）

组合	重复	稻纵卷叶螟受害株率（%）	三化螟[b]		
			单株枯心率（%）	单株白穗率（%）	白穗株率（%）
Bt汕优63	Ⅰ	0.0	0.0	0.0	0.0
	Ⅱ	0.0	0.0	0.0	0.0

（续表）

组合	重复	稻纵卷叶螟受害株率（%）	三化螟[b]		
			单株枯心率（%）	单株白穗率（%）	白穗株率（%）
Bt汕优63	Ⅲ	0.0	0.0*	0.1 ± 0.0	3.3
	平均	0.0**	0.0	0.0 ± 0.0*	1.1**
汕优63/CK	Ⅰ	57.4 ± 18.9	0.9 ± 0.4	4.9 ± 1.1	25.0
	Ⅱ	60.3 ± 22.9	0.5 ± 0.0	6.2 ± 1.3	40.0
	Ⅲ	56.0 ± 15.9	2.0 ± 0.9	19.8 ± 2.5	66.7
	平均	57.9 ± 19.3	1.1 ± 0.4	10.3 ± 1.6	43.9

[a]数据来自每重复每材料30个样本，[b]在T测验前三化螟为害数据先转换成平方根再计算，*与对照的差异达5%显著水平，**与对照的差异达1%显著水平。

资料来源：《转*cry1Ab*/*Ac*基因杂交稻组合Bt汕优63在湖北省生产应用的安全证书》申报书资料。

表2-3　转*Bt*基因杂交稻在喷施农药和不喷施农药条件下的产量结果

品系	喷施农药			不喷施农药		
	小区平均产量（kg）	比对照增产	级别	小区平均产量（kg）	比对照增产	级别
Bt汕优63	7.03 ± 0.90	53.8**	4	7.73 ± 0.74	200.8**	2
BtⅡ优63	7.57 ± 1.02	65.6**	1	7.58 ± 0.69	194.9**	3
Bt协优63	7.43 ± 0.13	62.5**	2	7.51 ± 0.69	192.2	4
Bt马优63	7.38 ± 0.81	61.5**	3	8.54 ± 0.24	249.4	1
汕优63/CK	4.57 ± 0.87	0	5	2.57 ± 0.57	0	5

**与对照的差异达1%显著水平。

资料来源：《转*cry1Ab*/*Ac*基因杂交稻组合Bt汕优63在湖北省生产应用的安全证书》申报书资料。

3. 转基因作物功能效率评价的流程

我国转基因植物研究一般可分为试验研究、中间试验、环境释放、生产性试验、申请安全证书5个阶段，研究的每个阶段必须向国家相关部门提出申请，得到批准后方可进行，且下一阶段的申请必须提供前一阶段的试验总结。评价完成之后，研发者必须提供转基因植物的功能效率评价总结，且功能效率评价包括研发者提供的总结和国家规定的第三方检测机构提供的总结。如图2-10所示，我们以转基因抗虫作物为例介绍转基因作物功效评价的流程。

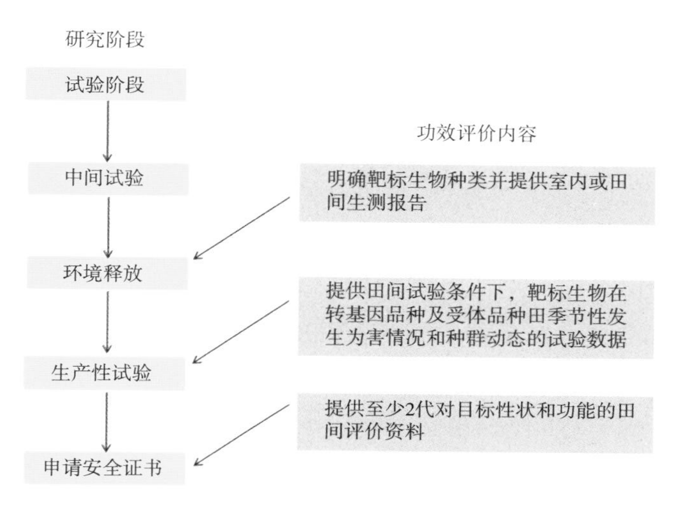

图2-10　转基因抗虫作物的功能效率评价流程

4. 转基因作物功能效率评价总结

转基因作物的功效评价是其安全评价工作的一项重要内容，在我国转基因植物管理法律法规级技术标准中，明确规定了其功能效率评价的具体内容、方法和流程，要求非常严格。在世界范围内，转基因作物研发方兴未艾，广泛应用趋势明显。随着转基因技术的发展，未来将出现更多目标性状的转基因作物。因此，以科学家的技术方案为支持、政府管理部门的法规方案为依据，针对不同转基因作物的具体性状，规范其功能效率评价工作，是保障转基因植物顺利发展的一项重要内容。

三、生存竞争能力评价

种植的作物从来没有人怀疑过它们种植过程中的安全性，除了因为这已经是人类数千年甚至上万年的经验外，还主要因为作物基本上可以安分地在播种、生长、收获、再播种过程中受到人们的控制。如果人类感觉不好，来年不种就可以了。但是，在作物田里却总是伴生着一类讨厌的植物被人们称之为杂草，它们具有超过作物的竞争力，抑制作物的生长，导致作物减产。人类一直想根除这些杂草，甚至人类的农业种植史，在一定程度上是一部人类与杂草做斗争的历史。“脸朝黄土背朝天”是描述古时农民劳动的艰辛，其主要劳动就是除草，“野草除不尽，春风吹又生”。为什么杂草有如此强大的生存竞争能力，与人类专心种植的作物抗衡能取得胜利呢？你可能以为由于杂草与作物种类不同，因此，特性相异，前者更强大。其实，在水田中就有一种杂草称之为杂草稻，与栽培水稻属于同一个种，形态和生理生化代谢也十分相似，但是杂草稻是为害水稻生长和产量最严重的杂草之一。它在田间自生自灭，一旦田中发生就很难将其除尽。显然，稍微分析一下，你就可以发现，首先，杂草与作物最大的不同是作物受到人类控制，而杂草脱离了人类的控制。其次，杂草超强的生存竞争能力，最终导致作物生长受害和产量受损。不过，经过人类基因操作而改良的转基因作物，由于转入了外源的新基因，特别有些还是提高抗逆性的基因，就使我们产生了一个疑问，这些转基因作物是否具有增强的较之原作物称之为受体的生存竞争力，甚至出现与受体完全不同的新特性，特别是具有像杂草一样的超强生存竞争能力，可能就变成了危害性的杂草呢？在培育的转基因作物可以被批准商业化种植之前，必须要明确回答这些问题。为此，转基因安全科学家根据杂草学的基本理论，已经做出了一系列相应的科学评价的试验设计，通过严格的实验室和田间试验研究，收集、分析相关试验数据，最终做出科学评价结论。本节内容详细介绍了基于理论，细化设计成可操作的具体试验和获得的科学数据，做出安全性评价的过程。

（一）基本原则

要想了解科学家们如何设计这些试验评价项目，还得从杂草学基本理论出发。同作物和野生植物相比，杂草是一类具有强适应性、持续性和危害性的植物，其中能够在人工生境的持续性是杂草3个基本特性的主体，是杂草不同于一般意义上的野生植物和栽培作物的本质特征，在包括农田、路边、旷野生境中自生并能不断繁衍其种群的植物就变成了杂草。因此，杂草是能够在人类试图维持某种植被状态的生境中不断自然延续其种族，并影响到这种人工植被状态维持的一类植物。简而言之，杂草是能够在人工生境中不断繁衍种族的一类植物。杂草具有非常强的生存竞争能力和繁殖能力，使得杂草能在原有栖息地不断繁衍扩大种群，并入侵其他栖息地；杂草在不同生境下对其个体、数量和生长量的自我调节能力即可塑性也非常强，可塑性使得杂草在多变的人工生境中能不断延续后代；杂草还具有繁衍滋生的复杂性与强势性，表现在杂草的结实量非常惊人，种子的寿命长，种子的成熟度和萌发时期参差不齐，种子边熟边落，其种子的萌发时间也不整齐，这为杂草度过不利环境提供了很好的适应机制；杂草的繁殖方式多样。这些生物学特征均可能帮助杂草逃脱人类的栽培过程。显然，评判转基因植物是否会成为杂草需要从上述相关杂草的基本特征入手。主要包括生存竞争力和杂草化能力两个方面。所以，考察植物的杂草性需要以此为出发点，设计相关试验内容，另外考察指标应紧紧围绕这条主线，并遵循试验评价的可操作性原则。

在室内及封闭田间和荒地小区开展转基因作物与生存竞争能力有关的出苗率、竞争性、生长势、繁育系数、抗逆性（根据不同作物选择其中一两种抗逆性指标如抗除草剂、抗旱、抗盐等进行评价）以及与杂草化延续能力有关的落粒性、种子延续能力及自生苗等性状的评价试验。在设计试验时，应遵守以下原则：使用来自非转基因亲本植物的材料和当地主栽品种作为对照；试验设计为最适宜条件（农田）或非适宜条件（荒地），但不经过人工除草、施肥和灌溉等管理；重复设计至少4个，采用随机区组设计；小区面积视作物种类而定，但一般不小于16m^2；试验地应保留至少2年。荒地试验仅在农田环境证明转基因作物较之受体或当地栽培品种生存竞争力和杂草化特性显著增强的情况下才需要进行。试验内容和检测的项目完全相同，否则，试验可以不用进行（宋小玲等，2009）。

如此进行试验设计的主要理念是考虑试验设计的从简和降低试验过程的风险性两个方面。而从科学角度，在田间最适宜植物生长条件下，转基因作物如果没有明显地较之受体和当地品种增强上述生存竞争力和杂草化潜力，那么就可以推断在荒地生态条件下，也不具有这样的增强可能性。反之，则不然。因为在荒地环境不能适应的，不等于在适宜环境下就不适应。特别需要考虑的是绝大多数作物要在农田中种植，在农田中的延续性即成为杂草，是最大的安全隐患所在。因此，重点应考虑在农田环境下的试验。

（二）试验评价的案例——美国孟山都公司抗草甘膦转基因大豆40-3-2

1. 农田生态环境的试验评价

在农田环境下以抗草甘膦转基因大豆40-3-2为试验评价对象，非转基因受体大豆品种A5547-127，以及当地常规品种N2899为对照，在4个不同播种时期（适宜季节和非适宜季节各2次）、正常密度和高密度（正常密度加倍）两个不同播种密度，以及土表撒播或5cm深度播种（图2-11）。采用随机区组设计，4次重复，每小区面积为16m^2，分4期播种。每种播种方式的播种面积为4m^2（1m×4m）（宋小玲等，2009）。

图2-11　美国孟山都公司的抗草甘膦转基因大豆40-3-2的生存竞争能力评价试验地实景

（1）生存竞争能力

一是出苗率。调查各小区的大豆幼苗，计算出苗率。结果表明无论是适宜季节还是不适宜季节，在相同的播种方式下转基因大豆的出苗率最低，受体和常规品种的出苗率相差不大（图2-12）。这说明转基因大豆并不具有更强的种子活力和适应能力。

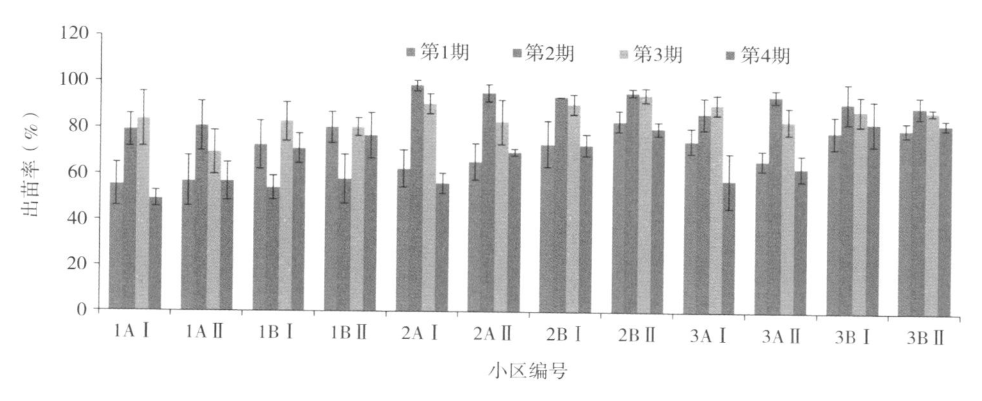

图2-12 不同大豆品种在不同播种方式下的出苗率

二是竞争性、生长势。分别于作物种植后1个月、2个月和3个月调查生长环境中间生的杂草种类、株数，杂草相对覆盖度（图2-13），作物株数、株高（抽取最高的10株）、覆盖率（图2-14）。对不同的作物还可以选择一个主要的与营养生长相关的指标进行观察。

图2-13 抗草甘膦转基因大豆40-3-2与杂草间生存竞争状况

图2-14　抗草甘膦转基因大豆40-3-2及其受体和当地栽培品种的营养生长状况

调查发现田间主要杂草为禾本科杂草千金子和阔叶草马松子，其他还有稗草、碎米莎草、鳢肠等，这些杂草占总草量的90%以上，不同大豆品种田间主要杂草的相对密度没有显著性差异（图2-13）。第1期杂草数量大，但各小区杂草株数没有显著差异。第2期20天每小区杂草株数为14~23株（图2-15）。第3期和第4期杂草发生量少，平均每小区杂草不超过10株。

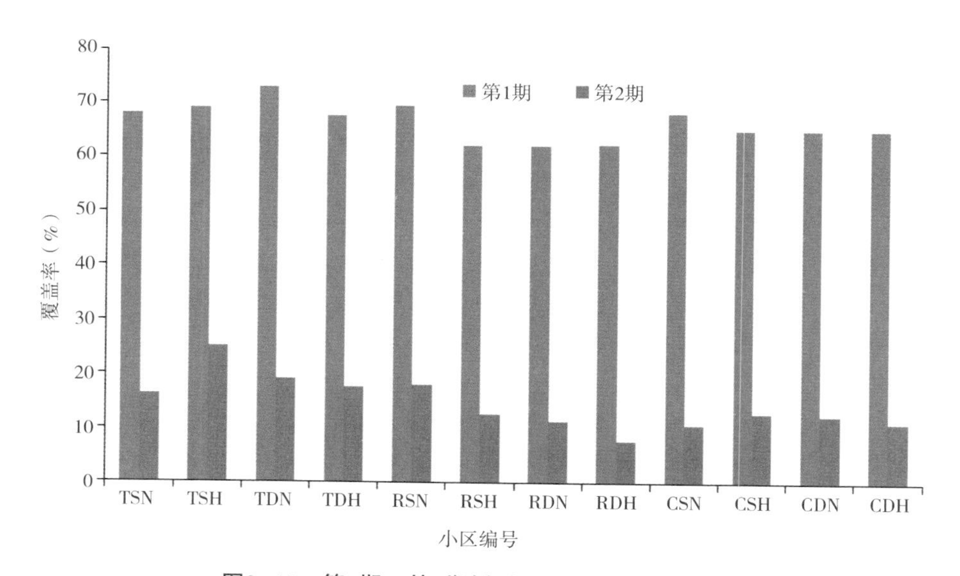

图2-15　第1期、第2期播后50天杂草的总覆盖度

图中T、R、C分别表示转基因大豆、受体大豆和常规大豆；S、D分别表示表面播种和5~10cm深播；N和H分别表示常规密度播种（8粒/m^2）和高密度播种（24粒/m^2），下同。

图2-16所示是第1期、第2期播后45天和第3期、第4期播后30天的株高。从图中可以看出转基因大豆的株高明显低于常规品种，而受体品种和常规品种株高差异不明显，这说明无论是在适宜季节或非适宜季节，转基因大豆的株高所反映的生存竞争能力弱于受体品种和常规品种。

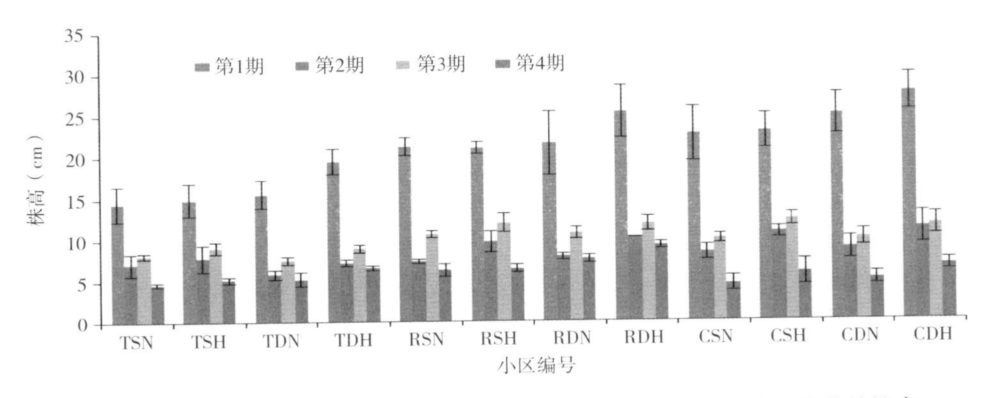

图2-16 第1期、第2期播后45天和第3期、第4期播后30天不同大豆品种的株高

第1期和第2期同一播种方式转基因大豆的复叶数显著低于常规大豆的复叶数，大多数情况下受体品种的复叶数也显著低于相应常规品种的复叶数。以上结果说明在适宜季节有杂草竞争的情况下转基因大豆的生长势低于常规品种。第3期、第4期3个品种间相同播种的复叶数没有显著差异（图2-17）。这说明在不适宜季节，转基因大豆的生长势和其他品种的生长势接近，但均没有显著增强。

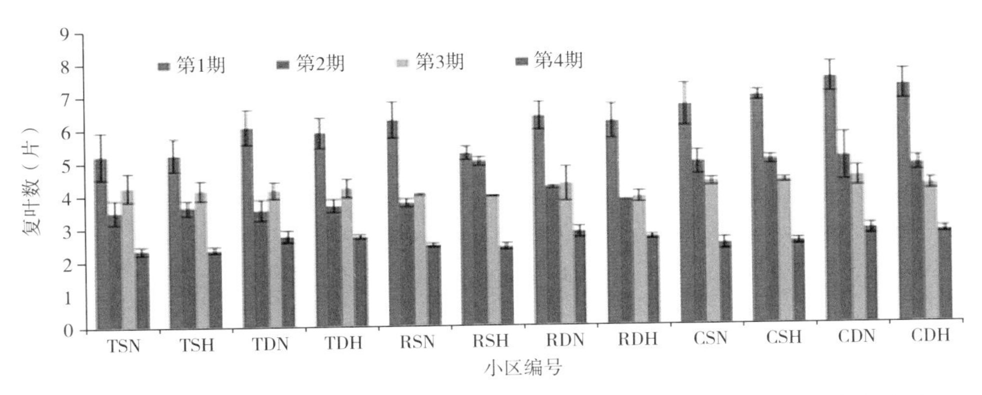

图2-17 第1期、第2期播后45天和第3期、第4期播后30天不同大豆品种的复叶数

三是繁育能力。每周对转基因大豆及其对照的生育期包括盛花期、果熟期等进行观察记录。重点调查统计单株结实率，并估测产量。结果发现在适宜季节播种的第1期、第2期，无论何种播种方式，转基因大豆品种的株均荚和株均粒都明显少于常规品种，受体品种与前者相似。这说明在适宜季节，转基因大豆以及受体品种对杂草为害的影响较之常规品种更敏感（图2-18）。但在非适宜季节，第3期大豆播种后90天，当地常规品种无论何种播种方式都没有结荚和鼓粒，受体品种和抗性大豆间不存在显著差异，说明这种特性是受体品种固有的，转基因没有显著改变这一特性。第4期播种的所有品种都未见开花。综合以上研究结果，在适宜季节转基因大豆的繁育能力最弱，受体品种居中，常规品种的繁育能力最强。

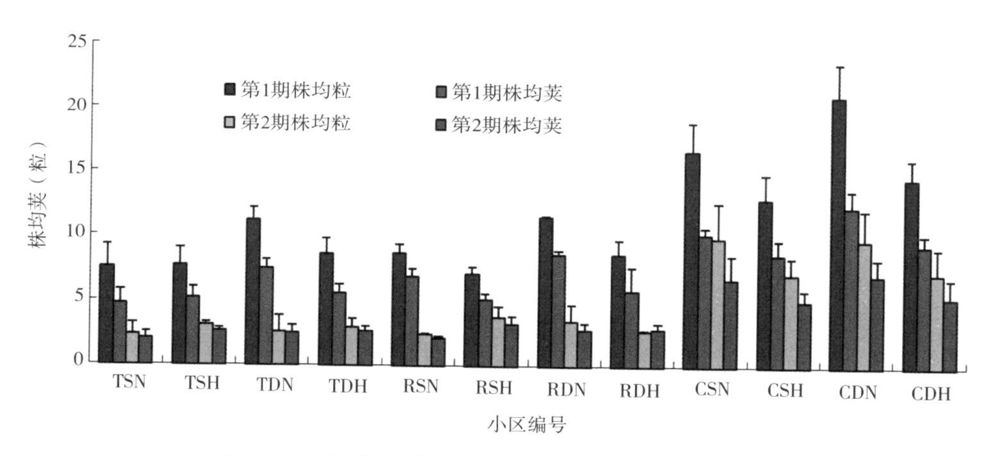

图2-18　第1期至第4期3种大豆的株均荚和株均粒数

四是抗逆性。由于本案例评价的是转基因抗除草剂大豆品种40-3-2，故选择抗逆特性是抗除草剂的试验项目。选择了大豆田常用的除草剂乙草胺，用常量和倍量处理转基因大豆，以常规大豆品种作为对照。从株高的调查结果来看，两种大豆的株高和其空白对照没有显著性差异，表明中、高剂量的乙草胺对两种大豆的株高影响都较小（图2-19，图2-20）。这说明转基因大豆对常规除草剂乙草胺的耐性和常规大豆相比没有发生明显的改变。

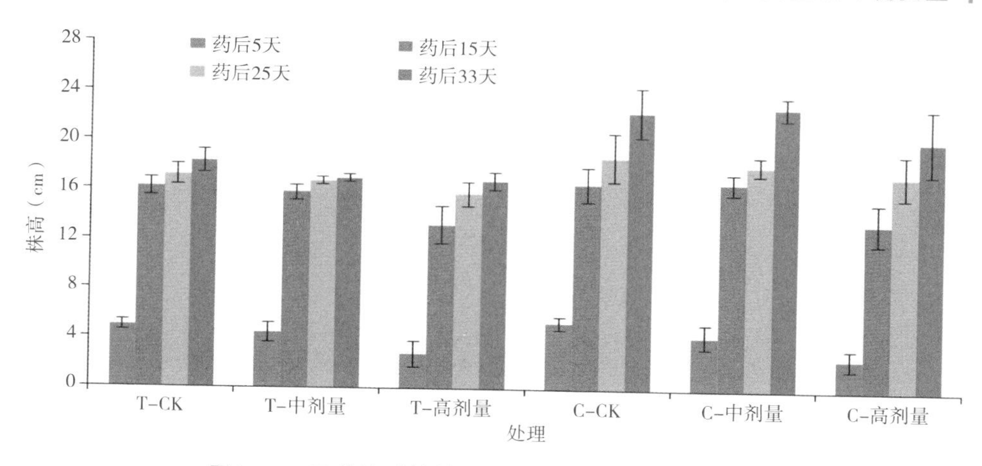

图2-19 乙草胺对转基因大豆和常规大豆株高的影响

图2-20 施用乙草胺对转基因大豆和常规大豆的影响

注：上图为CK，下图为施用高剂量的乙草胺（常规用量的2倍），左侧是转基因大豆，右侧是常规大豆。

（2）杂草化潜力

一是落粒性。在上述进行生存竞争力试验的各小区中，通过观察自然落粒和振摇的外力作用下，大豆种子散落地表的落粒性。在转基因大豆40-3-2的评估试验期间，3种品种自然或振摇，未见有落粒的种子。表明在外力作用下和自然条件下，转基因大豆与受体和常规品种一样，落粒性都很弱。

二是自生苗。调查生存竞争力试验后的小区在越冬或越夏后，转基因作物及其对照的自然出苗率（作物出苗旺盛期）、成苗率（始苗期1个月后）、结果（荚、角或穗）数（作物成熟期）、收获种子量（作物落粒前）及抗性检出率。翌年4—6月，进行3次调查，在转基因大豆40-3-2的评估试验期间，未发现有大豆的自生苗。说明转基因大豆通过种子扩散演化为自生苗的可能性很小。

三是种子延续能力。设计埋藏野外封闭田间，定期调查种子的发芽势、发芽率和存留时间，评价种子在野外环境的越冬或越夏的能力。在埋藏1个月后，转基因大豆和常规大豆种子90%以上腐烂，10%或更少的种子萌发，没有任何种子完好保存。两品种间各种类型种子数量没有显著差异。地表埋藏4个月及以后，所有种子腐烂。试验结果表明转基因大豆和常规品种的一样，在野外露天环境下，不能正常越冬（表2-4）。

表2-4　转基因大豆和常规大豆品种地表埋藏不同时间种子的延续能力

埋藏时间	转基因大豆			常规大豆品种		
	未萌发率（%）	已萌发率（%）	腐烂率（%）	未萌发率（%）	已萌发率（%）	腐烂率（%）
1个月	0	10	90	0	3.75	96.25
2个月	0	7.5	92.5	0	2.5	96.25
3个月	0	7.5	92.5	0	6.25	93.75

2. 试验地为荒地生态类型

采用随机区组设计，4次重复，每小区面积为16m^2。由于在农田环境中没有发现转基因除草剂大豆40-3-2具有任何增强的性状，因此，可以不用进行荒地生态类型的试验评价。

（三）试验评价的结论

在相同环境条件下，植物的生长势高，竞争力则强，而竞争能力强的植物较易在栖息地占据生存空间，并能够入侵和改变其他植物的栖息地。植物的生长势常常需要通过多项指标才能反映出来，这些指标主要包括种子的发芽率、存活率、生物量等。通过测定转基因作物在同一生长环境中的萌发、生长情况，并与受体品种和当地常规品种相比较，评价是否具有更强的竞争能力，从而判断转基因作物杂草化的潜力。生存竞争能力的试验结果表明，供试的转基因大豆以及受体品种的生存竞争能力在适宜季节弱于当地常规品种，在非适宜季节与当地常规品种相似。这一结果符合当地品种与被评价的转基因品种相比更能适应当地的生态环境的常理。所以从生存竞争能力来看，试验地区的生态环境条件下供试的转基因大豆演变为杂草的可能性较小。

如果在同一环境的试验表明转基因植物与非转基因植物亲本作物相比，其种群数下降了，而且其种子库也不能持续存在，那么转基因植物产生的负面影响就不可能高于非转基因植物。相比而言，有较高结实能力的植物具有高的种群替代能力，因而也具有较强的杂草化潜力。通过测定不同作物品种的产量，比较在相同环境下转基因作物的繁育能力，判断转基因作物是否具有更高的种群替代能力。特别是在不适宜季节播种的作物，如果能在较短时间内开花结实完成其生活史，说明其具有杂草化的潜力。因为杂草具有在不适宜生长的季节中缩短生活周期，快速完成生活史的特性，从而保证种群繁衍的能力。本试验结果表明在适宜季节，无论何种播种方式，转基因大豆和受体品种的单株开花数量、结荚量和籽粒数都没有当地常规品种的多，而在非适宜季节，特别是第3期播种大豆中受体品种和抗性大豆都有超过50%的植株结荚，并有10%~20%的荚已鼓粒。这说明在适宜季节，抗性品种的繁育能力弱于当地常规品种。而在非适宜季节，抗性大豆的繁育能力略强于当地常规品种，具有在较短时间内完成生活史的能力，表明转基因大豆较当地品种具有更强的可塑性。当然，由于转基因品种与受体品种在这方面没有显著增强，可以认定这种可塑性不是由于转基因造成的，而是受体品种特性所决定的。由于其种子没有越冬能力，即使具有这样的可塑性，也不至于导致延续能力增强，综合考虑该性状可能导致的风险较小。

转基因作物能否在环境中自生繁衍是判断转基因作物是否具有杂草化潜力的重要因子。如果其能在农田或路边、旷野生境中自我繁衍，杂草化的可能性就非常大。所谓自然繁衍能力是指该植物能够自然地不需要经过人类的播种、收获等干预措施就可完成生活周期。本试验结果表明无论是转基因大豆还是当地常规品种都未见有自生苗的产生，表明三者的杂草化能力都比较弱。说明大豆经转基因后其延续能力没有改变。

杂草种子具有参差不齐的发芽和成熟特性，是杂草保持种族延续的对策之一。较长的半衰期，意味着种子在土壤中能保持较长时间的活力，具有较强的适应性。因此通过检测不同作物种子的活力保存时间，就可以判断转基因作物的种子是否具有更强的延续能力。本试验结果表明3种大豆延续能力没有明显差异，都很弱。

作物的种子都是同时成熟的，并且自生的落粒性很差。而杂草种子的成熟期却参差不齐，呈梯递性、序列性，具有边成熟边落粒的特性，这样在翌年杂草的萌发时间也不整齐。这也是杂草的适应性特征之一，能保证杂草种群在同一生长季节的不同时间内都有个体生长。因此通过比较不同作物的落粒性，就能判断转基因作物的杂草化潜力是否比其他作物大。本试验结果表明供试的3种大豆落粒性没有明显差异，都不强。

综合以上结果和分析，可以认为美国孟山都公司提供的抗草甘膦（农达）转基因大豆40-3-2在我国南京地区种植后演化为杂草的风险很小，从生态安全的杂草性方面考察可以较安全地用作进口大豆的原料。

四、基因漂流的环境影响评价

（一）基因漂流的概念

基因漂流是指供体A的基因通过漂流转入到受体B，使受体B带有供体A的基因。按照介质的不同，基因漂流可分为花粉介导、种子介导和无性繁殖器官介导（Mallory-Smith & Zapiola，2008）。花粉介导的基因漂流是指同种或异种有性可交配物种之间通过风媒或虫媒、或风媒加虫媒，供体的花粉扩散到受体植物的柱头上完成授粉、受精结实的过程，简称由花粉扩散介导的基因漂流（基因流）或有性杂交（异交）。种子和无性繁殖器官介导的基因漂流是指通过种子和无性繁殖器官的扩散和传播而造成不同群体中个体间遗传物质的交换。人们普遍关注的转基因作物的基因漂流是指以花粉为介导的外源基因从转基因作物转移到非转基因作物、野生近缘种或杂草群体的现象。

基因漂流不但在异交作物（如玉米）上发生，自交作物（如水稻）也有一定的异交率，基因漂流是一种自然现象，历来存在，并非从转基因作物才开始有。在农作物的杂交制种、不育系繁殖和种子生产中，基因漂流能够引起种子混杂，影响到种子的纯度。若基因漂流至相关的近缘野生种，则应考虑其是否会引发生态风险。当然，基因漂流有负面影响，也有正面作用，在漫长的植物进化过程中，由于发生了基因漂流或异交，产生了双亲之间的基因重组、修饰和变异，是物种进化的动力之一。例如，现在种植的普通小麦（AABBDD）就是由分别具有A、B、D基因组的3个野生种在几千年前通过相互的天然杂交后演化而来的。

影响基因漂流的主要有生物学因素和物理因素两大类，生物学因素要求空间分布相近、花期花时相遇、无生殖隔离等，物理因素主要指地形、物候、风向、风速及有无隔离屏障等。对转基因水稻而言，发生基因漂流的先决条件是：在空间上，转基因水稻与非转基因水稻或野生近缘种的分布是否重叠或相邻生长；在时间上，它们的花期、花时是否相遇，即开花时段和散粉时间是否重叠。

鉴于转基因作物中转入的基因可来自植物、动物和微生物，打破了物种隔离的屏障，其基因漂流是否会带来潜在的食品和环境风险，已引起多方关注，成为热议的问题之一。但转基因作物的风险并不是基因漂流本身，而是它可能引起的潜在后果，这取决于基因的种类、基因所提供的表型性状以及其释放的环境。由于近缘野生种群中存在着丰富的基因资源，外源基因漂流到近缘野生种后，是否会影响它们的遗传多样性和生态适应性，是否会产生“超级杂草”是转基因释放后关注的焦点。

（二）研究基因漂流的程序、方法

1. 研究基因漂流的一般程序

根据影响基因漂流的生物学因素和物理因素，基因漂流评估的程序包括以下几方面：第一，明确转基因作物与其近缘种是否可以进行异花授粉？地理分布上是否有重叠？花期花时能否相遇？只有满足以上条件，转基因作物与其野生近缘种间才有可能发生基因漂流。第二，转基因作物与其野生近缘种间是否有杂交亲和，只有转基因作物与野生近缘种间有杂交亲和性，才能发生杂交。第三，评估杂交F_1代的适合度，只有携带外源基因的杂交一代有一定生存竞争优势，能进一步繁殖后代，并在与野生父（母）本不断回交的过程中完成外源基因的渗入，才能使外源基因在野生近缘种群体中定居和稳定遗传。第四，通过田间试验计算基因漂流的发生频率和最大阈值距离，评估基因漂流可能带来的潜在生态后果。第五，根据转基因漂流的风险评价结果，综合分析各方面因素，制定相应的风险管理措施，使转基因作物的风险最低化、利益最大化（李云河等，2012）。

2. 研究基因漂流的一般方法

基因漂流的程度用基因漂流频率来衡量，研究基因漂流率的方法主要是进行田间试验。以水稻为例，国内外都以转基因水稻作花粉供体，以栽培稻、杂交稻、普通野生稻、杂草稻、雄性不育系等作受体。田间设计一般采用长方形或同心圆试验设计，即在试验地的上风向或在试验地的中央同心圆内种植转基因水稻作为花粉供体，在下风向或同心圆的外圈种植非转基因稻或其近缘种，也可采用转基因稻和非转基因稻隔行种植或混合种植的田间设计。水稻成熟后在不同距离的受体植株上收集种子，用形态标记或分子标记的方法计算转基因漂流频率，并进行生物统计分析（图2-21，图2-22）。

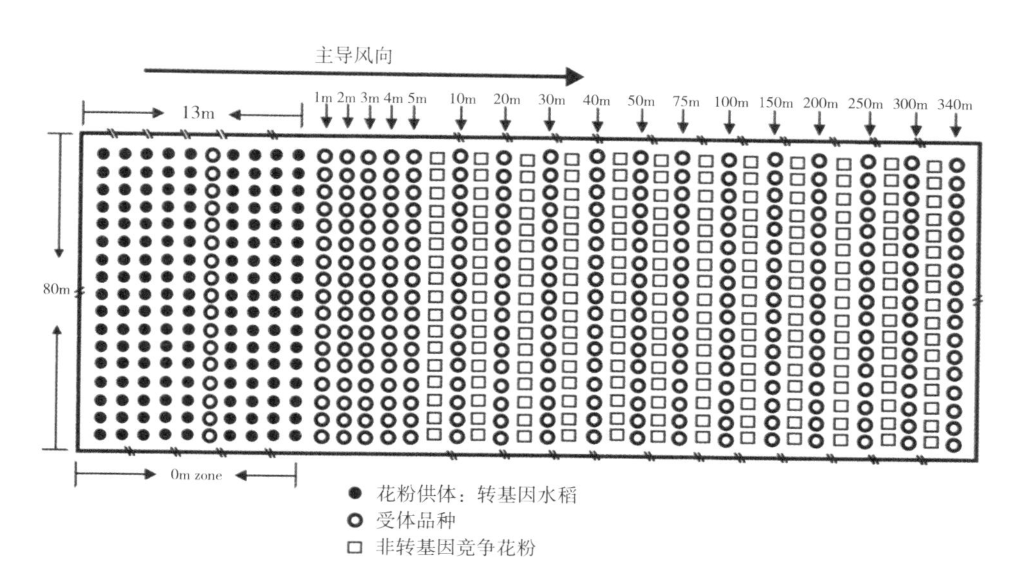

图2-21　长方形田间试验种植示意

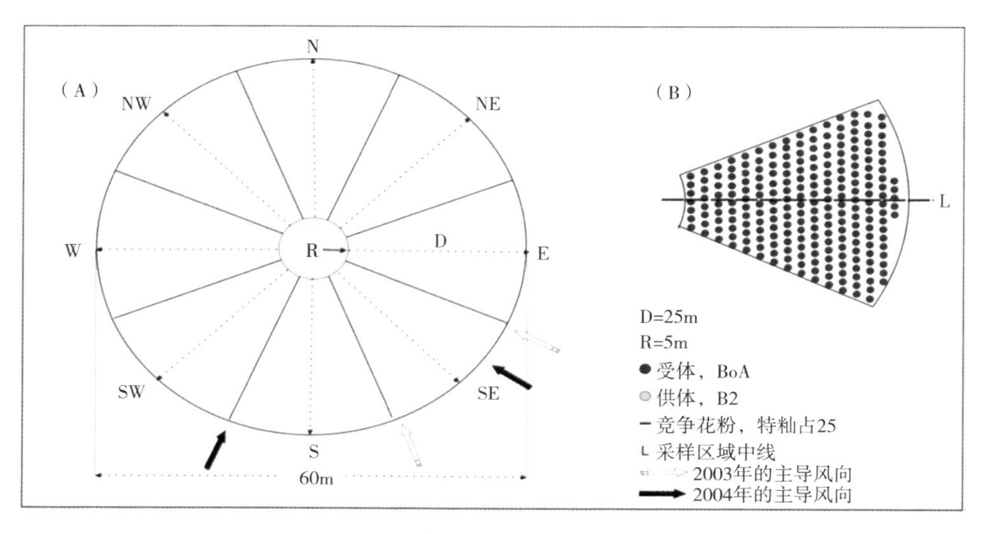

图2-22　同心圆试验田间种植示意

注：（A）转基因花粉源（半径5m）种植于内圈；受体不育系博A种植于外圈（半径25m），并被花粉竞争源栽培稻特籼占25分割成8个等面积的扇区。（B）代表其中的一个扇区。

转基因供体材料一般选用含有抗除草剂*bar*基因的转基因水稻，这样便于对转基因水稻花粉漂流到受体品种F_1的检测，由于含有*bar*基因的转基因水稻具有对除草剂的抗性，因此，对漂流F_1的种子只需要在苗期喷施500~800mg/kg的除草剂Basta即可杀死不含有*bar*基因的水稻苗，这样就方便快捷地检测出漂流F_1种子中的阳性株，从而计算不同阈值范围的漂流频率与距离（图2-23）（Jia等，2007；Yuan等，2007）。同时，为了保证数据的准确性，抽取部分样品的抗性植株进行抗Basta成活苗的PCR检测，以确定其抗Basta的准确性，防止假阳性（图2-24）。

受体品种中除了选择常规水稻和杂交稻外，还选择了不育系作为花粉受体，因为不育系自身没有可育花粉，向不育系的基因漂流距离显著大于向栽培稻的漂流距离，用不育系作为一种灵敏的花粉探测器（Detector），增加了试验的灵敏度和精确性，能够更准确地反映基因漂流的结果。

基因漂流率估算方法：抗Basta正常生长的成活株数与播种总粒数的比值即为基因漂流百分率。

图2-23　不同类型水稻的不同距离漂流F_1种子苗期喷施除草剂Basta鉴定

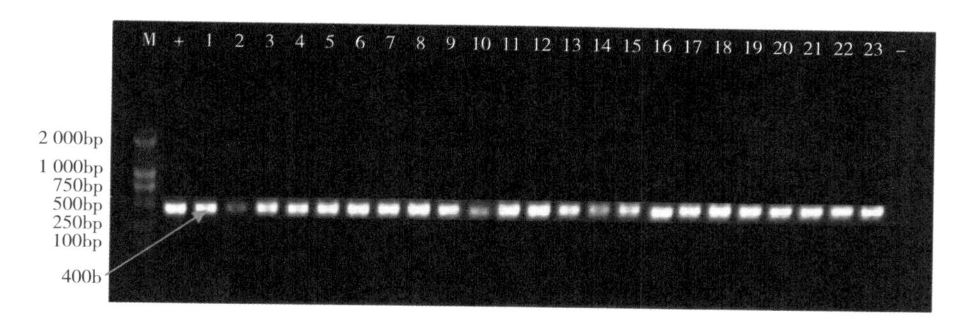

图2-24　转基因水稻向栽培稻和不育系漂流F_1代$Basta^R$苗PCR扩增结果

注：M为Marker，1为转基因水稻，2~13分别代表100m距离之外的栽培稻/转基因水稻漂流F_1代$Basta^R$苗，14~23分别代表100m距离之外的不育系/转基因水稻漂流F_1代$Basta^R$苗。

（三）水稻基因漂流

水稻是重要的粮食作物，以稻米为主食的人口占全世界总人口的50%以上。我国是最早开展转基因作物研究的国家之一，在转基因水稻的研发领域取得了一大批研究成果。2009年11月，农业部颁发了由华中农业大学培育的转基因抗虫水稻“华恢1号”和杂交种“Bt汕优63”在湖北省生产应用的安全证书。

水稻基因漂流及其可能带来的潜在风险是人们关注的主要问题（Andersson & de Vicente，2010；Ellstrand，2003a，b；Ellstrand等，2013；Jia，2004a，b；Jia等，2014）。水稻基因漂流的风险有多大？影响水稻基因漂流的关键因素有哪些？如何控制和管理水稻的基因漂流风险？外源基因漂流至普通野生稻后的命运如何，是否会对普通野生稻产生影响？大量的试验结果表明，转基因水稻的基因漂流率随距离的变化普遍呈负指数衰减规律，这与玉米、小麦等其他作物基本一致。

1. 水稻基因漂流基本规律

常规稻是自花授粉作物，天然异交率很低，即使相邻种植时向普通栽培稻的基因漂流率一般也不超过1%。其中，西班牙科学家等的研究结果为0.188%~0.53%（Messeguer等，2001），复旦大学卢宝荣等的研究结果为0.04%~0.79%（Rong等，2004，2005），韩国Chun等研究了抗除草剂水稻的基因漂流率，认为最近距离为0.5m，频率为0.039%（Chun等，2011）。

普通野生稻（*O. rufipogon*）被认为是亚洲栽培稻的祖先种，广泛分布于中国、东南亚和南亚地区，具有丰富的遗传多样性和多种优良特性，是栽培稻遗传改良的宝贵资源（Xiao等，1996；Kovach等，2007）。普通野生稻与栽培稻同具AA基因组，因而可以天然杂交。卢宝荣等的研究表明由于种间差异，普通野生稻的异交率仅为2%，基因漂流率为1.21%~2.19%，向普通野生稻的最远漂流距离为43.2m（Chen等，2004；Song等，2003）；王丰等大面积试验（1.3~1.8hm^2）的结果表明，向普通野生稻的基因漂流率可以高达11%~18%，检测到的最远基因漂流距离为250m（Wang等，2007）。

不育系由于不产生有活力的花粉，因而基因漂流率明显高于其他类型，贾士荣等的研究表明转基因水稻向不育系的最高漂流率为3.145%~36.116%（Jia等，2007）。

杂草稻（*Oryza sativa* f. *spontanea*）与栽培稻同具AA基因组，在稻田

共生情况下可天然杂交，是全球性草害。王丰等以转*bar*基因水稻为花粉供体，广东雷州杂草稻为受体，基因漂流试验结果表明，基因漂流频率介于0.002 1%~0.341 6%。这说明向杂草稻的基因漂流率与向栽培稻的基因漂流率在数量级上基本相同。

风速和风向是影响基因漂流的重要因素，贾士荣等在海南三亚开展8个方位同心圆基因漂流风向试验，发现有90%以上的基因漂流事件都发生在主流风向和次主流风向下游的4个扇区内。主流风向下游扇区（N、NW）的基因漂流率最高（39.4%、26.9%），次主流风向（主流风向两侧的方位）下游扇区（W、NE）的基因漂流率次之（15.4%、12.2%），侧逆风向扇区（SW、S）再次之（3.05%、1.2%），逆风向扇区（E、SE）的基因漂流率最小（1.34%、0.51%）（Jia等，2007）。

2. 基因漂流模型与应用

由于转基因水稻的基因漂流风险（频率和距离）与气象环境（风向、风速等）和水稻类型密切相关，一地的田间试验结果在异地应用时往往需要重复类似的试验。为克服试验结果不能异地应用的局限性，引入了通过模型的方法来预测基因漂流的频率与距离。戎俊等根据风速、气温、相对湿度以及异交率、亲和力与基因漂流率的统计关系建立了模型（Rong等，2010）。姚克敏和胡凝等以高斯烟羽模型（Gaussian plume model，GPM）为基础，将水稻花粉视为大气中较大的尘埃粒子，运用湍流扩散理论来描述花粉的扩散稀释过程，建立了花粉扩散和基因漂流的普适模型（Yao等，2008；胡凝等，2010）。

我国稻区辽阔，地形复杂，不育系或普通野生稻的安全隔离距离在时间和空间上的差异很大，裴新梧等以我国南方稻区15个省（区、市）1 128个水稻生产县的水稻开花期连续30年的气象数据为输入值，利用水稻基因漂流模型计算和预测了我国南方稻区水稻主产县向不育系、常规稻和普通野生稻基因漂流的最大阈值距离。总体上是由东往西、由沿海向内陆逐渐减小，南岭山区、云贵山区和四川盆地是基因漂流距离的低值中心。并绘制出了最大距离图（图2-25），为转基因水稻的释放与监管提供参考（裴新梧等，2014）。

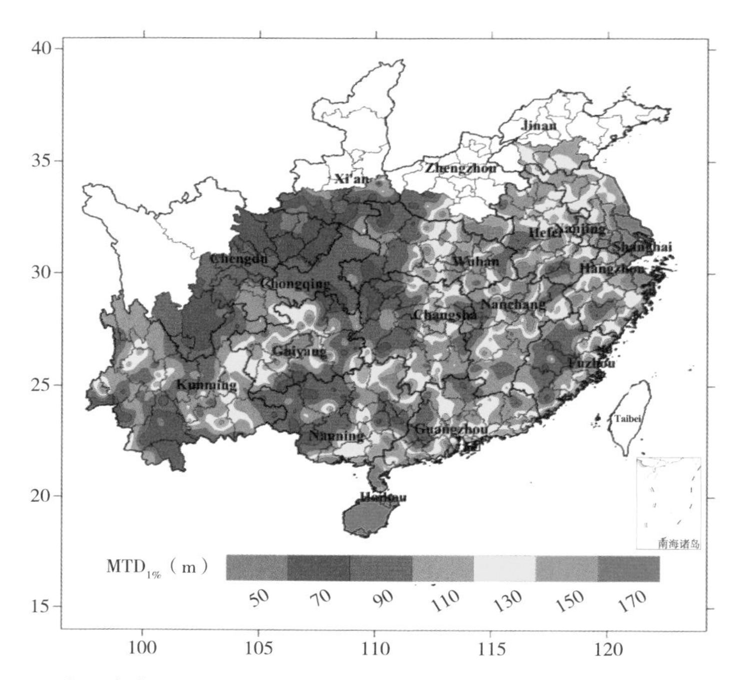

图2-25　我国南方稻区水稻不育系秋制基因漂流的最大阈值距离（MTD1%）

3. 基因漂流到普通野生稻后的命运

普通野生稻（*O. rufipogon*，2x，AA基因组）是亚洲栽培稻的祖先，与栽培稻同为AA基因组，无种间隔离障碍，可天然杂交，是栽培稻品种改良的重要种质资源。转基因水稻商业化种植后是否会对普通野生稻群体产生影响是一个值得研究的问题。裴新梧等在广东和海南构建了2个栽-野漂流F_1与普通野生稻混栽的群体，经过连续多年的观察，结果表明转基因水稻花粉漂流至普通野生稻后的F_1杂种逐年消失。同时，对海南、广东、广西普通野生稻居群与栽培稻相邻种植下的花期相遇情况的调查表明，在普通野生稻分布的一些原生境，普通野生稻和栽培稻在花期和花时上有一定程度的重叠与相遇。根据混栽群体中F_1植株的逐年消失，以及普通野生稻与栽培稻比邻种植下长期共存的事实，表明外源基因漂流对普通野生稻居群的影响和风险很小（裴新梧等，2016）。

五、对非靶标生物影响评价

转基因作物，特别是转基因抗虫作物对非靶标生物潜在影响的评价是转基因作物环境安全研究中的一项重要内容，主要目的是明确转基因抗虫作物的种植是否会负面影响农田非靶标节肢动物，导致农田生物多样性降低（图2-26）。本节简要阐述评估的基本原理、程序和方法。

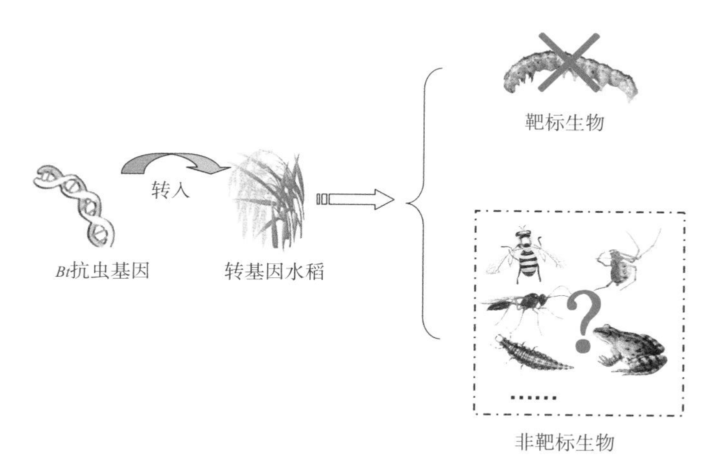

图2-26　转基因作物对靶标和非靶标生物的潜在影响

（一）风险问题的确立

转基因抗虫植物对非靶标生物的潜在风险评估起始于风险问题的分析与确立。该过程的目的是明确可能存在的风险及我国主要关心的风险问题，界定风险评估工作的范围，提出相应的风险假设（USEPA，1998；

EFSA，2010；Romeis等，2008）。在该过程中，一般先通过文献检索及查阅转基因作物品种培育者向管理部门提供的相关档案文件等资料，明确所要评估的转基因品种除了所表达的外源基因外，与其受体植物是否具有实质上的等同性（Substantial-equivalent），主要考虑转基因植物和受体植物在生理生态、营养物质成分（除外源蛋白）等方面是否等同。如果这种实质等同性不能确立，一般来说，该转基因植物将不可能进入商业化应用，没有开展相关风险评估工作的价值。然而，这种实质等同性一旦确立，评估工作将可仅局限于转基因抗虫植物所表达的杀虫化合物如Bt蛋白所介导的相关风险。为了确立更具体的风险问题，需要考虑杀虫蛋白的分子特征、作用方式、潜在杀虫谱及杀虫蛋白的时空表达等特性。另外，还要考虑转基因植物潜在释放的环境、种植规模及可能对环境造成影响的程度及相应的生态后果。然后，根据这些基础信息和风险管理目标提出相应试验假设，开展相关评估工作（USEPA，1998；EFSA，2010；Romeis等，2008）。

（二）一般评估程序

评估转基因植物对非靶标节肢动物的潜在影响，目前国际上普遍采用分层次的评估体系（Romeis等，2008；USEPA，2007；EFSA，2010）。简单地说，就是首先选择合适的受试生物，然后依次开展从实验室试验（Lower-tier test）到半田间试验（Middle-tier test），再到田间试验（Higher-tier test）的分阶段的评估体系（图2-27）。在评估的每一阶段，根据所获得的研究数据决定评估是否终止或进行重复试验或需要进入下一阶段开展更接近田间实际情况的评估试验。如果在阶段性试验中能明确转基因作物对受试非靶标节肢动物没有负面影响，一般没必要进一步开展下一阶段试验。但是如果发现负面影响或试验结论不确定，需要重复试验或者开展下一阶段试验进行验证。相关评估数据服务于转基因作物风险监管决策和管理（图2-27）。

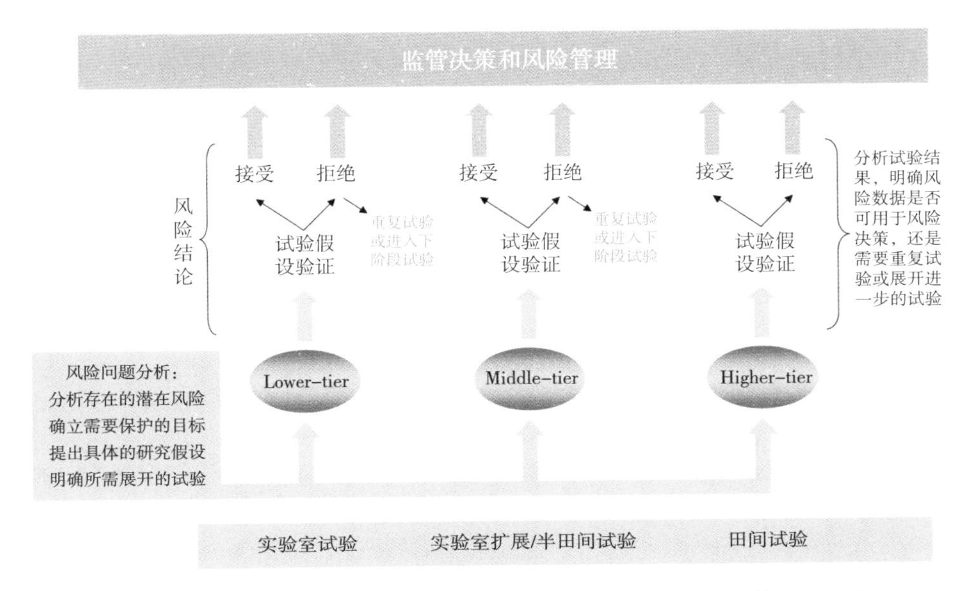

图2-27　转基因作物对非靶标生物影响评估一般程序（Romeis等，2008）

实验室或半田间试验主要通过某种方式把转基因植物组织或纯外源基因表达物饲喂给受试生物，通过观察分析受试生物的生命参数来评估转基因作物产生的外源基因表达物对受试生物的潜在毒性。田间试验主要通过调查转基因植物和非转基因亲本植物田非靶标生物种群丰度、密度等参数，评估转基因植物对田间节肢动物的种群动态和生态功能的影响。由于田间生物种群动态受到生物或非生物、直接或间接的多种复杂因素的影响，又因为对商业化释放前转基因作物进行环境安全性评估一般只能进行小规模、有限年份的田间试验，在这种条件下，难以检测到生物群体结构的微弱变化，且即使发现一些负面或正面的影响，也难以将这种影响与可能的因素联系起来，从而对研究结果进行准确的分析和合理的解释（Romeis等，2008）。因此，国际上一般把评估工作的重点放在实验室或半田间试验上。而且，大量研究证明，实验室数据相对田间数据更为保守，更能准确地反映转基因作物对非靶标生物的潜在影响（Duan等，2010）。下面主要阐述实验室评估的一般方法，田间评价方法将在其他章节中阐述。

（三）实验室评估一般方法

1. 代表性受试种的遴选

农田有益节肢动物种类繁多，在实验室条件下评估转基因抗虫作物的非靶标效应，不可能对每个节肢动物种进行逐一评估，因此，需要选择合适的、具有代表性的节肢动物种作为指示生物（Indicator species），通过对代表物种的评估来预测转基因植物对其他物种的潜在影响。因此，选择合适的代表性节肢动物种是评估转基因植物对非靶标生物影响的重要环节。一般情况下，选择指示性生物应遵循以下几个标准：①在作物田发挥重要生态功能的节肢动物种，如捕食性天敌普通草蛉和瓢虫等；②在转基因抗虫作物田，较高地暴露于外源杀虫化合物，最有可能受到影响的节肢动物种；③与转基因抗虫植物靶标昆虫亲缘关系较近，最可能对植物所表达杀虫蛋白敏感的节肢动物种，如当评估以鞘翅目害虫为靶标的转基因抗虫作物环境风险时，应该把鞘翅目非靶标昆虫作为重点评估对象；④考虑试验操作上的便利性和可行性。一般来说，在实验室易于饲养，在试验中易于处理和观察的非靶标节肢动物应该被优先考虑作为指示性物种（Romeis等，2013；Carstens等，2014）。

案例分析：为遴选适用于转基因抗虫水稻非靶标效应研究的代表性节肢动物种，中国农业科学院植物保护研究所转基因生物安全研究团队历经4年，开展了系统的研究工作：①在文献研究的基础上，结合田间调查和实验室试验，梳理了我国中南部17省（区、市）稻区（图2-28A）主要节肢动物的种类，明确了稻田常见节肢动物的生物习性、种间亲缘关系及在稻田生态系统中所发挥的生态功能（图2-28A）；②梳理了稻田主要节肢动物种的营养关系及所处生态位，构建了稻田主要节肢动物食物网（图2-28B）；③通过酶联免疫吸附试验定量分析了Bt水稻主要节肢动物种的体内Cry蛋白的含量（图2-28）。通过综合分析所获得的研究数据，遴选出了适用于我国转基因水稻非靶标效应研究的代表性节肢动物种：捕食性昆虫中华通草蛉、龟纹瓢虫和拟水狼蛛，传粉昆虫蜜蜂，土壤昆虫白符䖺等。另外，家蚕虽然不是稻田节肢动物，但其可能因取食飘落有转基因水稻花粉的桑叶而暴露于转基因外源蛋白，因此也被列入代表性节肢动物种进行评价。

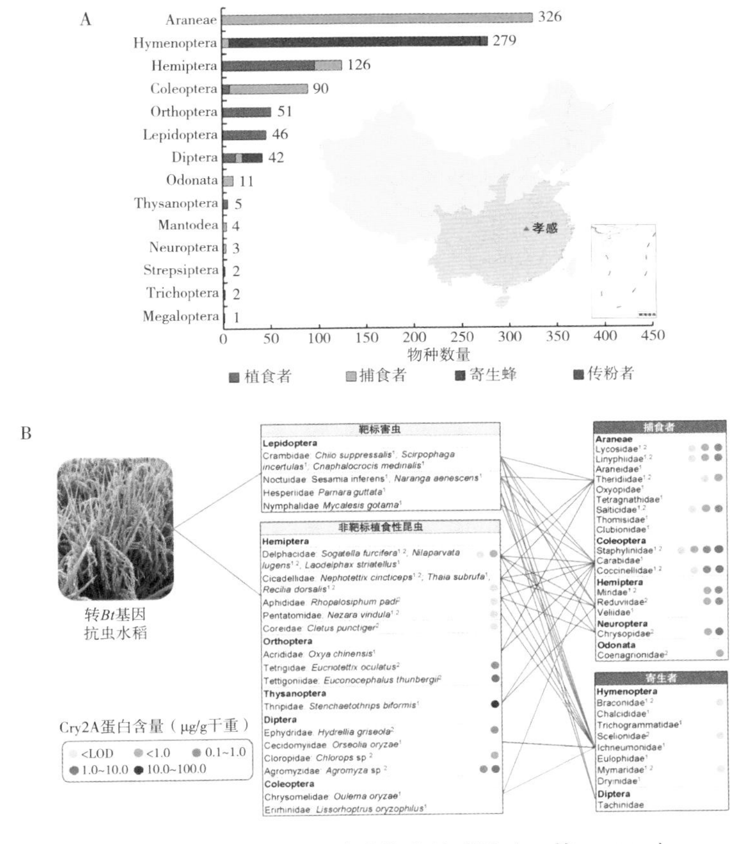

图2-28 稻田指示性节肢动物种的遴选（Li等，2017）

（A）中国中南部稻区主要节肢动物种类及所占比例；（B）中国中南部稻区节肢动物简单食物网及Bt稻田不同节肢动物种体内Cry2A蛋白含量

2. 实验室试验

根据所遴选节肢动物种的生物学和生态学特点，首先要开展实验室试验，目的是为了明确转基因抗虫作物表达的外源杀虫蛋白对受试生物是否具有毒性。一般开展3类试验：①纯蛋白直接饲喂试验，即所谓的Tier-1试验（Li等，2014a）；②二级营养试验（Bi-trophic experiment）；③三级营养试验（Tri-trophic experiment）。

（1）Tier-1试验

开展该类试验，首先需要一个合适的蛋白载体（Protein carrier），如人工饲料，把高剂量的纯杀虫蛋白（一般由大肠杆菌表达，经分离、纯化获得）传递（饲喂）给受试生物，通过观察和分析受试生物的生长发育或其他生命参数，明确取食杀虫蛋白对受试生物的潜在影响。所发展的试验体系一般需要具备以下条件：①所采用的人工饲料能满足受试生物的正常生长发育，一般要求对照处理组受试生物死亡率<20%；②受试化合物能均匀地混入饲料，并在生物测定试验期间保持一定的生物活性；③试验中要设立合适的阳性对照处理，用于明确受试生物是否取食到受试化合物及验证试验体系的敏感性；④受试杀虫蛋白必须保证与转基因植物表达的杀虫蛋白具有实质等同性（Romeis等，2011a；Li等，2014a）。为了最大可能地检测到杀虫蛋白对受试生物的潜在毒性，试验采取保守设计。一般要求，试验中测试浓度为受试生物在田间实际接触的杀虫蛋白浓度的10倍，甚至100倍以上（USEPA，2001，2007；Li等，2014a）。

案例分析：如图2-29所示，评价转基因杀虫蛋白对斑鞘饰瓢虫（*Coleomegilla maculata*）潜在影响的试验体系（Li等，2011a）。本试验体系通过把转基因杀虫蛋白均匀地混入以虾卵为主要成分的人工饲料饲喂斑鞘饰瓢虫，并以混入蛋白酶抑制剂E-64（150μg/g）的饲料为阳性对照处理，以没有混入任何杀虫化合物的饲料为阴性对照处理，通过比较处理组和对照组瓢虫生存率、幼虫历期、化蛹率、成虫体重和繁殖力等重要生命参数评估受试杀虫化合物对瓢虫的潜在毒性。采用本方法测定了斑鞘饰瓢虫对不同浓度砷酸钾（Potassium arsenate，PA）和E-64的生物学反应。结果发现：斑鞘饰瓢虫的不同生命参数随PA和E-64浓度的变化显示出明显的剂量-效应关系，证明了该方法的有效性和灵敏性。该试验体系已用于评估不同Bt蛋白对斑鞘饰瓢虫的潜在毒性影响（Li等，2011b）。

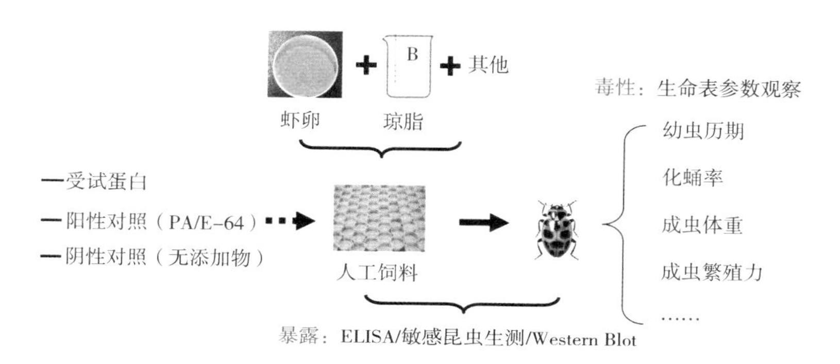

图2-29 评估转基因杀虫蛋白对斑鞘饰瓢虫潜在毒性的试验体系

（2）二级营养试验

对于某些可以直接取食植物组织的受试节肢动物，可开展二级营养试验，即建立合适的试验体系，把转基因植物组织直接饲喂给受试生物，观察受试生物的生长发育或其他生命参数，明确取食转基因植物组织对受试生物的潜在影响。该类试验检测的影响可能来源于转基因抗虫植物表达的外源蛋白对受试生物的直接毒性，也可能来源于外源基因转入植物导致的非预期效应，如植物产生的次生代谢物等。因此，如果在该类试验中检测到对受试生物的负面影响，需要通过Tier-1试验明确所检测的影响是否来源于转基因外源杀虫蛋白。在该类试验中，如果仅取食植物组织不能满足受试生物的正常生长发育，则需要在饲喂受试生物植物组织的同时提供其他食物，以满足受试生物的正常需求。如当研究取食Bt植物花粉对龟纹瓢虫的影响时，需要在饲喂龟纹瓢虫Bt植物花粉的同时提供其他食物，如蚜虫（Zhang等，2014）。在该类试验中，由于无法人为提高受试动物食物中杀虫化合物的含量，一般通过延长生测试验时间来提高受试生物暴露于杀虫化合物的水平，提高试验结论的可靠性。

案例分析：如图2-30所示，评估转基因抗虫作物花粉对龟纹瓢虫潜在影响的试验体系。由于仅取食花粉龟纹瓢虫不能正常发育，本试验发展了一个以花粉为主，大豆蚜虫为辅的瓢虫饲喂方法。在饲喂体系中，龟纹瓢虫幼虫每个龄期第一天仅提供花粉，之后采用花粉和大豆蚜虫混合饲料饲喂瓢虫直至下一龄期。当瓢虫孵化后，鉴定瓢虫雌雄后配对，单对饲养，采用仅花粉饲料与花粉和大豆蚜虫混合饲料隔天交替饲喂。所提供花粉可以直接撒在培养皿底部，大豆蚜虫提供方法为把覆满大豆蚜虫的大豆苗剪成2cm的小段，直接置于培养皿中，花粉和大豆蚜虫都为足量提供。为给瓢虫提供水源，1%的琼脂熔解后，加入1.5mL的去盖离心管，凝固后与饲料一起提供给瓢虫。

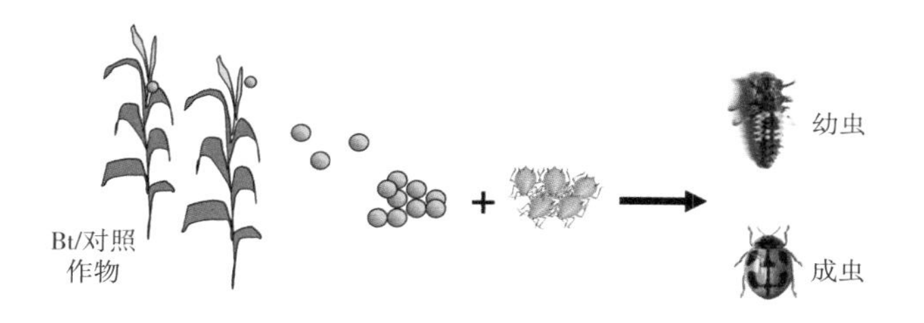

图2-30　评估转基因抗虫作物花粉对龟纹瓢虫潜在影响的试验

基于所建立的瓢虫饲喂方法，建立了评价取食转基因作物花粉对瓢虫潜在影响的试验体系，试验包括以下处理：①非转基因作物花粉（阴性对照）；②转基因作物花粉；③阳性对照，非转基因作物花粉中均匀混入E-64（200~400μg/g花粉）。初孵幼虫单头饲养于塑料培养皿中（直径6.0cm，高1.5cm），每个处理推荐至少测试45头瓢虫幼虫。如果检测杀虫化合物对瓢虫繁殖力的影响，新羽化的瓢虫成虫配对饲养于上述培养皿中，每个培养皿中放置3~5个折叠纸条（长10cm，宽1cm）作为瓢虫产卵介质。每个处理至少测试30对瓢虫。按上述方式提供给瓢虫幼虫和成虫饲料。饲料每天更换，保证测试化合物的生物活性。试验在（26±1）℃，（75±5）% RH，光照16∶8h的培养箱中进行。每天上午9点和下午9点观察瓢虫生长发育，记录死亡率、生长历期、新羽化成虫体重和雌虫产卵量等生命参数。获得数据后，采用合适的生物统计方法分析比较处理组和阴性对照组瓢虫不同生命参数的差异。该试验体系已用于评估转*Bt*基因水稻花粉对龟纹瓢虫的潜在影响（Li等，2015）。

（3）三级营养试验

对于昆虫天敌，如昆虫捕食者或寄生蜂，可以开展三级营养试验，即首先把纯杀虫蛋白或转基因植物组织饲喂给受试天敌昆虫的猎物或寄主，再把体内含有转基因杀虫蛋白的猎物或寄主饲喂给天敌昆虫（Li等，2010，2013）。开展此类试验，需要注意以下两点：①如果以植物组织为食物，尽量选择取食转基因植物后体内含有较高杀虫蛋白的猎物或寄主。一些天敌猎物或寄主，如蚜虫取食Bt玉米或Bt棉花后，体内基本不含Bt蛋白（Romeis等，2011b），这样的猎物或寄主不能有效地把转基因杀虫蛋白传递给天敌昆虫，因此不宜用于该类试验（Li等，2010）。②要选择对受试杀虫蛋白不敏感的昆虫或对受试化合物产生抗性的实验室种群作为猎物或寄主。如果所选择猎物或寄主对杀虫蛋白敏感，其取食杀虫蛋白后，可能死亡，影响试验的开展，或者生长发育受到影响，导致其作为猎物或寄主营养质量下降而产生对上一营养层的间接影响，以致难以明确杀虫蛋白是否对受试天敌具有毒性（Li等，2011a）。

案例分析：图2-31所示为评价Bt玉米对深点食螨瓢虫潜在影响的试验体系。研究发现，二斑叶螨取食Bt作物如Bt棉花和Bt玉米组织后，体内累积大量Bt蛋白，因此，本试验采用二斑叶螨作为蛋白载体把转基因抗虫玉米所产生的Bt蛋白传递给食螨瓢虫，评估取食Bt蛋白对食螨瓢虫的潜在影响。根据风险产生的原理，即风险=危害×暴露率，在评价转基因抗虫作物对非靶标生物的影响方面，需要明确取食转基因抗虫植物表达的外源杀虫蛋白对受试生物可能的危害，同时还需要弄清受试生物暴露于外源杀虫蛋白的程度，然后根据两方面的研究数据分析转基因作物的种植给受试生物可能带来的潜在风险。因此，在本试验中，通过对比分析取食转基因和非转基因对照玉米组织的叶螨及瓢虫的重要生命参数，明确Bt玉米对二者的潜在危害，同时通过酶联免疫技术（ELISA）检测在该试验体系条件下二斑叶螨和食螨瓢虫暴露于Bt蛋白的水平。

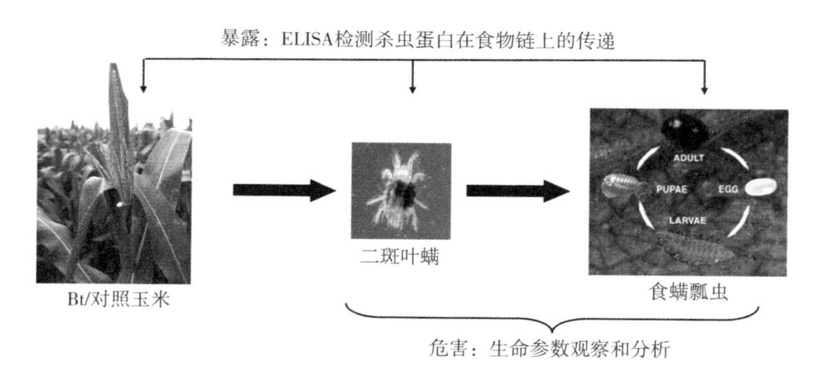

图2-31　评价Bt玉米对深点食螨瓢虫潜在影响的试验体系

本试验体系已用于评估转*cry3Bb1*基因抗虫玉米对食螨瓢虫的潜在风险（图2-32）。结果表明，通过所发展的三级营养试验体系可以把转基因玉米表达的cry3Bb1蛋白传递给深点食螨瓢虫，但是取食cry3Bb1蛋白对食螨瓢虫没有毒性，因此风险不成立，即种植转*cry3Bb1*基因抗虫玉米不会给食螨瓢虫带来显著的负面影响。

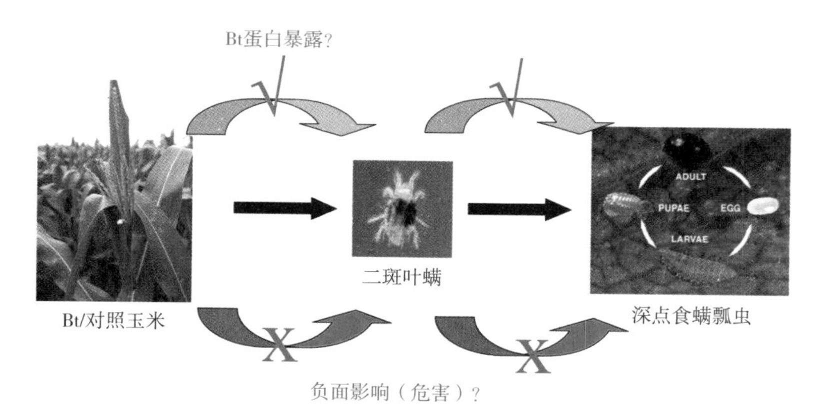

图2-32　转*cry3Bb1*基因抗虫玉米对深点食螨瓢虫潜在风险评价

注意事项：在实验室条件下评估转基因抗虫植物对非靶标生物的潜在影响，主要目的是明确转基因抗虫植物产生的外源杀虫蛋白是否对受试非靶标生物具有毒性。因此，在该类试验中，需要明确受试生物是否取食到杀虫蛋白？暴露于杀虫蛋白的浓度有多高？所取食的杀虫蛋白是否具有杀虫活性？这些问题直接影响风险结论的可靠性。因此，开展此类试验，一般要采用酶联免疫测定法（ELISA）或Western Blot技术检测试验中转基因杀虫蛋白在受试生物的食物（饲料或猎物）及其体内杀虫蛋白的浓度，并开展敏感昆虫生物测定检测受试生物所取食杀虫蛋白的生物活性，即把杀虫蛋白从受试食物中提取出来，加入对受试蛋白敏感的靶标昆虫饲料，观察靶标昆虫的生命参数，鉴定杀虫蛋白的生物活性（Romeis等，2011a；Li等，2010，2011b，2014a,b）。

六、对生物群落结构和有害生物地位演化的影响评价

生物群落（Biotic community）是指特定空间或特定生境内所有生物种群有规律的集合（图2-33），它们之间以及它们与环境之间彼此影响、相互作用，具有一定的形态结构与营养结构，执行一定的功能。也可以说，

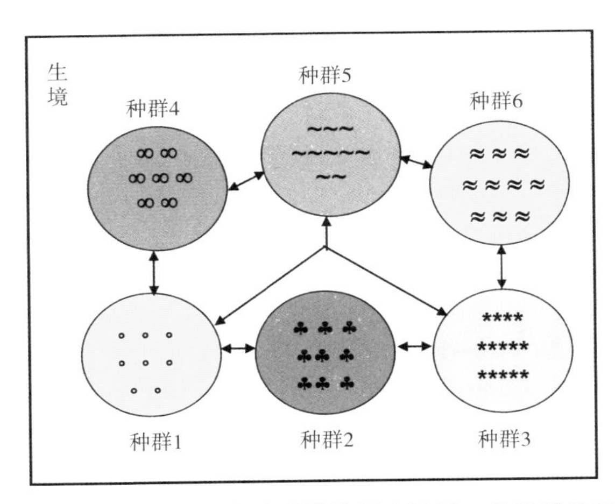

图2-33 生物群落示意（各种群的符号表示同一物种的不同个体）

一个生态系统中具有生命的部分即生物群落。如在棉田中，其中各种昆虫、蜘蛛以及其他多种动物等即共同构成一个生物群落。以昆虫和蜘蛛种群的集合为对象，即称为节肢动物群落。群落与种群是两个不同的概念。种群（Population）是指生活在一定空间内，同属一个物种的个体的集合，是物种的存在形式，是遗传因子交换及以相同生物方式为基础的实体；而群落是多种生物种群的集合体，是一个边界松散的集合单元，是较种群更高一级的组织层次。

群落多样性（Community diversity）是衡量群落结构的重要指标。它指群落中包含的物种数目和个体在种间的分布特征。实际上群落多样性研究的是物种水平上的生物多样性。群落多样性具有两个方面的含义：一是种的数目或丰富度（Species richness），即群落中所含的物种数目；二是种的均匀度，即群落中各个物种个体数量分配的均匀程度或各物种的相对密度。群落的组成结构是指群落由哪些生物物种所构成及各物种之间的分布情况。它主要由以下几个参数组成。

（1）物种丰富度（Species richness）

指群落中的物种数目，常用S表示。在植物群落分析中用Margalef丰富度指数（R）表示：$R=(S-1)/\ln N$，其中S为植物种类总数，N为样方中个体总数。

（2）物种丰盛度（Abundance）

指群落中每个物种的个体数量占所有物种个体总数量的比例。常用D_i表示，即第i物种的丰盛度。有时也用物种单位空间的个体密度加以表示。植物群落分析时用相对优势度（RI）表示，$RI=(RD+RF)/2$，式中RD为相对密度，即某物种的密度占总密度的比例，RF为相对频度，即某物种出现的样方数占总样方数的比例。

（3）多样性指数（Diversity index）

通常包括香农-魏纳（Shannon-Wiener）指数（H'）、均匀性指数（J）

以及辛普森（Simpson）优势集中性指数（D）。

香农-魏纳（Shannon-Wiener）指数（H'）：是最常用的多样性测度指数，H'值越大，群落的多样性程度越高，其稳定性就越好。其公式为：

$$H' = -\sum_{i=1}^{S} p_i \ln p_i$$

式中，S是群落中的物种数；$p_i=N_i/N$，p_i是群落中第i个物种的个体数量（N_i）占总个体数量（N）的比例。

均匀性指数（Evenness）：是指群落中各物种个体数量的分布程度，其值越大，群落的多样性程度就越高。常用J表示。其公式为：

$$J = \frac{H'}{H'_{\max}}$$

式中，$H'_{\max}$为H'的最大理论值，即假设群落中所有物种的个体数量都相同时的H'值，实际计算时，一般用$\ln S$替代$H'_{\max}$。

辛普森（Simpson）优势集中性指数：是用来测定群落中物种的集中性和优势度，其值越小，群落的多样性程度就越低。常用D表示。其公式为：

$$D = 1 - \sum_{i=1}^{S} \left[\frac{n_i(n_i - 1)}{N(N-1)} \right]$$

式中，n_i为抽样中第i个物种的个体数量，N为抽样中所有物种的个体总和，S为物种总数。

实际研究中，由于一个生境中物种种类很多，难以鉴定到物种种名，因此，有时往往用科（Family）来代替物种。同时，有的还将群落按功能团（Guilds）分类来加以研究，所谓功能团是指以同一种方式利用共同资源的物种集团，如稻田中食水稻叶片或茎秆等的昆虫均可归为植食类，寄生其他生物的归为寄生类，以其他生物为猎物或食物的为捕食类，以稻田腐殖质为食料的为腐食类。

转基因作物的应用，可能因高度抗虫等特性而改变食物链关系和食物成分，进而影响农田生态系统生物群落结构和某些害虫的生物种群动态。因此，开展转基因作物对农田生态系统生物群落结构和有害生物地位演化的影响评价是极为必要的，其中受关注最多的是对节肢动物群落的影响。研究转基因作物对生物群落的影响需要开展田间试验，调查动植物种类、密度等，通过比较转基因作物田和非转基因对照田的各物种个体丰盛度、物种丰富度、多样性指数及均匀度等参数而加以综合分析。

（一）对生物群落的影响

迄今，国内外大量研究都表明Bt棉花、Bt玉米和Bt水稻等转基因作物对其田间的节肢动物多样性与群落结构无显著的影响，其中化学农药对其影响大于转基因作物。例如，通过对50个田间试验的总结发现，尽管在取样方法、面积和试验持续的时间上有所不同，但是结果表明农药可以显著地减少自然天敌的种群数量，Bt作物和对照之间基本上没有差异（Romeis等，2006）。采用荟萃分析的方法对42个田间试验进行分析发现Bt棉和Bt玉米田的非靶标节肢动物丰富度明显高于非转基因使用杀虫剂的田块（Marvier等，2007）。通过把节肢动物群落划分为五个功能团：捕食者、寄生者、杂食者、腐食者和植食者，分析Bt棉花、Bt玉米和Bt马铃薯对功能团所提供的生态功能的影响，结果表明Bt作物对功能团的生态功能没有影响，但化学农药却显著弱化它们的功能（Wolfenbarger等，2008）。同样，在我国对Bt棉花和Bt水稻等也做了不少研究。例如，有研究认为与常规化防棉田相比，Bt棉有利于提高棉田的生物多样性，通过16年对全国36个种植点的研究发现，随着Bt棉花种植面积的增加和农药使用量的减少，棉田的广谱性捕食者（瓢虫、蜘蛛和草蛉）数量在增加，而且可以有效压制蚜虫种群的上升（Lu等，2012）。有关表达Cry1Ab、Cry1Ab/Cry1Ac、Cry1Ab/Vip3H、Cry2A和Cry1C蛋白的多种Bt水稻的多年研究表明，这些材料对稻田节肢动物多样性与群落结构均无明显影响，也不会导致次要非靶标害虫种群数量上升；对56篇关于Bt水稻对非靶标生物影响的研究进行荟萃分析，结果也显示Bt水稻不会对非靶标节肢动物带来显著负面影响（Dang等，2017）。但是，也有个别争议，例如，有学者于2005年和2006年研究发现Bt玉米对农业水生生物区造成了明显负面生态效应，特别对其中一种水生生物（石蛾幼虫）有明显致死作用。后来学者们分析认为，该文章的结论过于勉强，缺乏合理的解释，目前数据并不能得出这种结论，而且这种研究也无法重复，认为该研究缺乏科学性。

就转基因耐除草剂作物对农田杂草群体结构和节肢动物群落多样性的影响评价，国内外已经开展了大量工作。结果表明，转基因耐除草剂作物对农田动物没有毒性，因此不会直接影响农田动物群落多样性。有报道认为，由于转基因耐除草剂玉米的种植改变了喷施的除草剂类型和施用格局，反而使田间杂草种群密度比非转基因玉米田更高。另外，种植转基因耐除草剂作物后，由于使用灭生性除草剂即可以采用免耕或者浅耕的方式种植，从而降低了农事活动对农田动植物群体的影响，反而更有利于农田生物多样性的保护。总之，转基因耐除草剂作物不会直接对农田生物多样性产生不利影响。但像引入常规作物新品种一样，引入耐除草剂作物可能引起农田耕作和管理措施的改变而负面或正面地影响农田系统生物多样性，但这种影响是微小的，在可控制范围内。为了防止转基因耐除草剂作物田的动植物多样性降低，可以通过制定准确的杂草防除经济阈值，采用合适的除草剂类型和适宜的除草剂施用时间等措施，在农田体系中保存一定的杂草数量，尽量降低耐除草剂作物对农田生态系统的干扰。

1. 抗虫转基因棉花

棉田节肢动物群落可分为害虫（植食性昆虫和螨类）、天敌（捕食性和寄生性节肢动物）和中性节肢动物（腐食性、分解性及观光性节肢动物）3个功能团或亚群落（图2-34）。对于抗虫转基因棉对棉田节肢动物群落的影响，即以非转基因棉田或使用化学农药的棉田为对照，就不同棉田这3个功能团的丰盛度和多样性进行比较和分析，以判断影响程度。

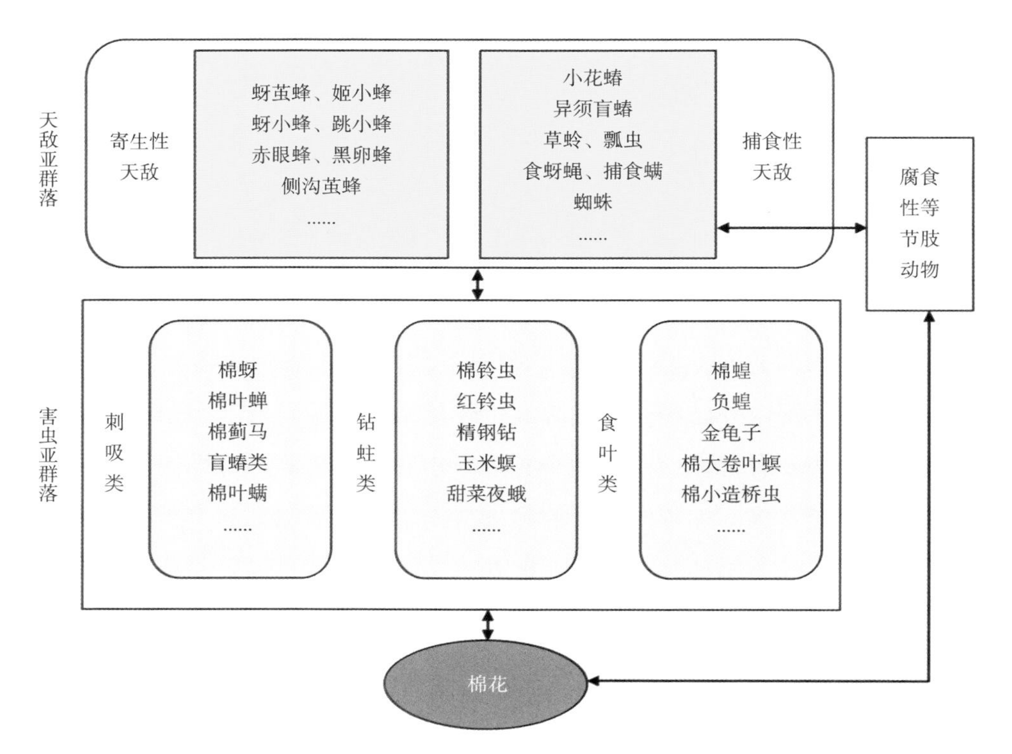

图2-34　棉田节肢动物群落组成示意

例如，以非转基因棉（泗棉3号）及其施药与否为对照，连续2年就华北北部地区抗虫转（*cry1A+CpTI*）基因棉（SGK321）和转*cry1A*棉（GK12）和棉田的节肢动物总群落、害虫亚群落、天敌亚群落和中性昆虫亚群落多样性的影响进行了评价（图2-35）。采用香农-魏纳（Shannon-Wiener）指数（H'）分析显示，转抗虫基因棉的害虫亚群落多样性和天敌亚群落多样性与普通棉施药和非施药处理没有显著差异，但由于在棉花生长中、后期转抗虫基因棉田的中性昆虫多样性显著高于普通棉施药处理，导致同期转基因棉的节肢动物总群落多样性明显高于普通棉的施药防治棉铃虫处理（表2-5）。从害虫亚群落组成上看，转抗虫基因棉田平均查得15科19种，从非转基因棉不施药和施药对照田平均分别查得14科17.5种和13.5科17.5种，转抗虫基因棉田的主要种类数量多于非转基因棉不施药和施药对照田；非转基因棉施药田主要优势种类为烟粉虱和棉蚜；转抗虫基因棉田的绿盲蝽高于普通棉不施药和施药对照田，棉铃虫是非转基因棉不施药对照田的常见种，转抗虫基因棉田则无。从天敌亚群落组成上来看，转抗虫基因棉田共查得平均24.3科39.3种，从非转基因棉不施药和施药对照田平均分别查得24科43.5种和25科38种；微小花蝽、姬小蜂和异须盲蝽为转基因棉和非转基因棉不施药对照的优势种，蜘蛛优势度有所上升并成为丰盛种；而在非转基因棉施药处理田中，棉短瘤蚜茧蜂和龟纹瓢虫为优势种，寄生蚜虫跳小蜂、棉短瘤蚜茧蜂和黄足蚜小蜂数量有所上升，成为丰盛种；相比而言，转抗虫基因棉田害虫和天敌的主要种类数量都明显多于非转基因棉施药田（郦卫弟等，2003b）。综合比较分析认为，转抗虫基因棉田因减少棉铃虫防治用药量，而显著提高了棉田中、后期生态系统节肢动物的群落多样性，有利于保护棉田的生物多样性，有利于棉田生态系统的稳定和害虫的综合治理。

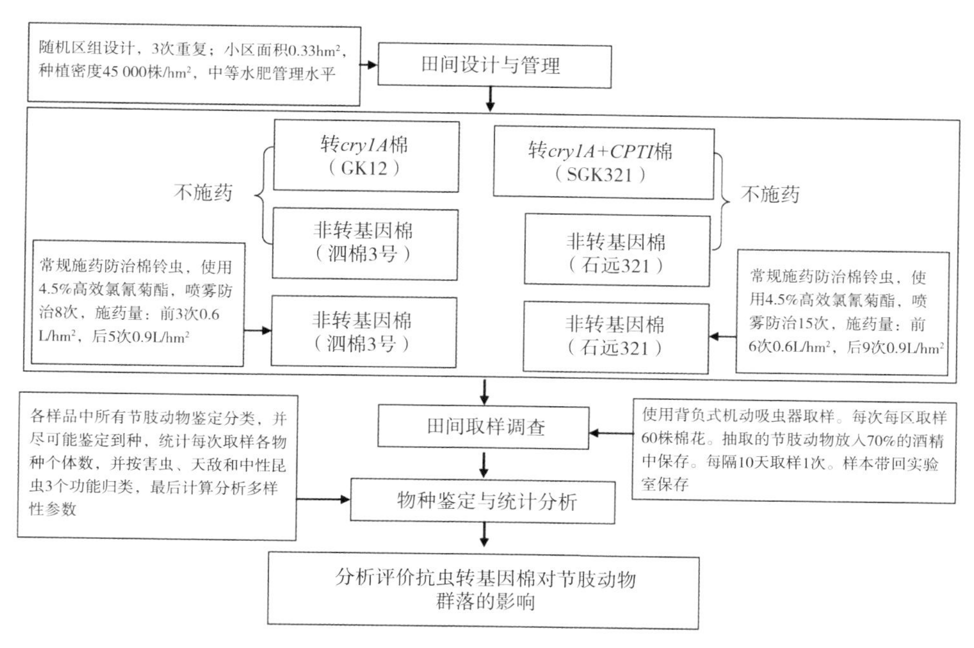

图2-35 抗虫转基因棉对节肢动物群落影响评价的流程

表2-5 不同棉田节肢动物总群落的Shannon-Wiener多样性指数的比较

试验	处理	取样批次								
		1	2	3	4	5	6	7	8	9
I	GK12	2.858 2	1.434 8a	1.439 3	0.417 7	2.515 0	2.775 9a	3.447 6	—	—
	泗棉3号	3.206 1	0.621 7b	0.919 8	0.610 9	2.668 9	1.476 6b	1.921 0	—	—
	泗棉3号+施药	2.462 4	0.489 8b	0.628 2	0.496 8	0.866 0	1.529 4b	2.309 2	—	—
II	SGK321	1.369 7	2.179 5	2.431 2	3.633 4	2.946 7a	2.205 4	1.614 3	0.845 7	2.099 6
	石远312	1.400 6	2.237 3	2.570 9	3.401 6	2.530 5a	2.270 5	2.568 2	1.154 0	2.892 8
	石远312+施药	1.053 6	3.264 9	2.743 4	3.696 1	1.391 8b	1.908 8	1.398 7	0.670 9	1.641 7

注：同一试验同一取样批次中小写字母表示处理间数值有显著差异（$P \leq 0.05$），下同。"—"表示未测定。

2. 抗虫转基因玉米

玉米田节肢动物主要以昆虫纲的昆虫为主，还有少量蛛形纲的蜘蛛、螨类，弹尾纲的跳虫，以及多足纲的马陆等其他类群。玉米田节肢动物群落可分为害虫（植食性昆虫和螨类）、天敌（捕食性和寄生性节肢动物）和中性节肢动物（腐食性、分解性及观光性节肢动物）3个功能团或亚群落。对于抗虫转基因玉米对玉米田节肢动物群落的影响，即以非转基因玉米田或使用化学农药的玉米田为对照，就节肢动物的多样性进行比较和分析，以评价影响程度。

例如，为评价抗虫转*cry1Ie*基因玉米（IE09S034转化体）（Bt玉米）对田间节肢动物群落的影响，采用直接观察、地面陷阱、吸虫器和空中水盆诱捕4种方法，2012年和2013年连续2年调查了转*cry1Ie*基因抗虫玉米田和非转基因对照玉米田在不施用任何杀虫剂条件下的节肢动物物种数和个体数，比较分析了节肢动物群落各特征参数（图2-36）。结果表明，不论采用哪种方法调查抗虫转*cry1Ie*基因玉米与非转基因对照玉米田间的节肢动物群落物种个体总数（N）、物种丰富度（S）、Shannon-Wiener多样性指数（H'）、均匀度指数（*J*）、Simpson优势集中性指数（*D*）均无显著差异，说明抗虫转*cry1Ie*玉米对田间节肢动物群落多样性无显著影响（郭井菲等，2014）。

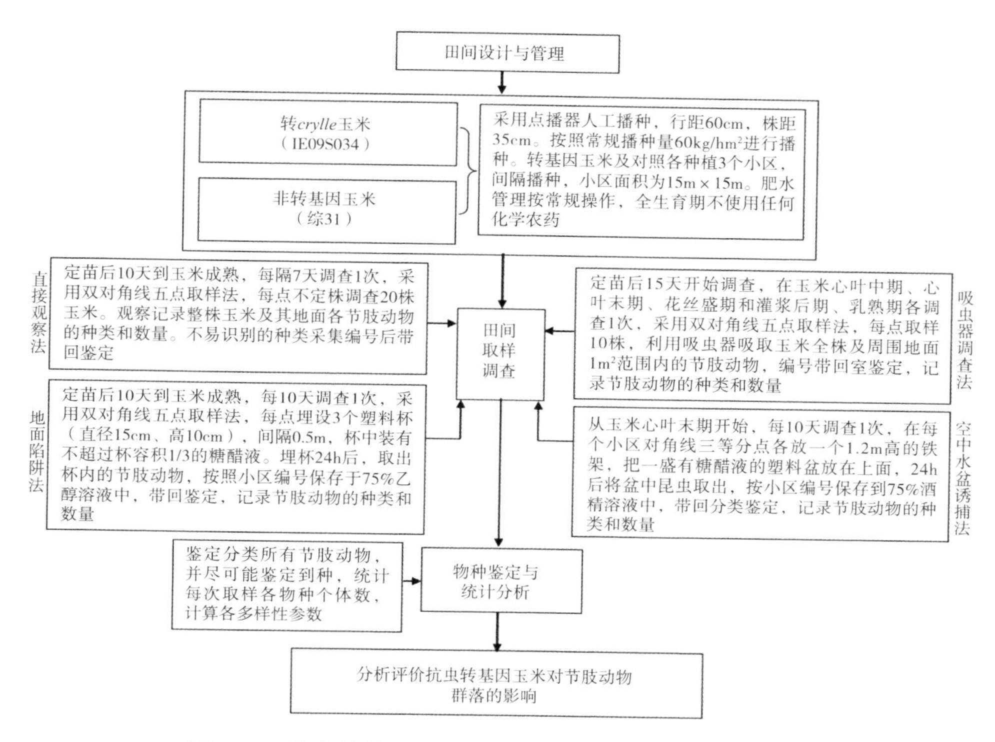

图2-36　抗虫转基因玉米对节肢动物群落影响评价的流程

3. 抗虫转基因水稻

稻田节肢动物群落一般划分为植食性昆虫、寄生性昆虫、捕食性天敌（捕食性昆虫和蜘蛛）、腐食性昆虫和其他昆虫，共计5个功能团。评价抗虫转基因水稻对稻田节肢动物群落的影响，其方法和程序与评价抗虫转基因棉和玉米对节肢动物群落的影响类似。下面以抗虫转*cry1C*基因水稻（T1C-19）和抗虫转*cry2A*基因水稻（T2A-1）为例加以说明（Lu等，2014）。

田间设计与管理。供试转基因材料包括T1C-19、T2A-1及其相应亲本对照明恢63（MH63），把试验田分割为等大的9个小区，各小区面积为

15m×15m，按随机区组设计布置种植各水稻材料，其中每个水稻材料均种植3个小区，小区之间均以一条宽约50cm的田埂隔开，整个试验田的周围均种植5行非转基因水稻做保护行。稻苗单本进行手工移栽，移栽密度为16.5m×16.5cm。肥水管理按照当地的种植要求，但是水稻整个生育期不用任何化学农药处理。

取样调查与物种鉴定。从水稻移栽后1个月开始，直到水稻成熟，取样时间间隔为15天。每个取样日期，对每个小区进行对角线5点随机取样。取样采用吸虫器，操作时一人背负吸虫器，另一人负责集虫网（尼龙袜）和安置取样框，其中取样框高0.9m，取样面积为0.25m^2（0.5m×0.5m），约罩住9株水稻。田间所取样立即用100%的酒精进行保存，带回室内后，除去水稻植株和多余的其他杂物，挑出的节肢动物用100%的无水酒精保存，然后在体视显微镜下进行鉴定和计数。常见个体尽可能鉴定到种，其余的至少鉴定到科。

调查结果。2011—2012年的两年调查中，共获得节肢动物57 645头，隶属于87科；2011年在T1C-19、T2A-1和MH63中采得个体数分别为5 497头、6 409头和6 417头，2012年分别为13 622头、11 417头和14 661头。转基因水稻与对照相比，各功能团类群组成及其优势类群相似。植食性昆虫的优势类群为飞虱科、叶蝉科、秆蝇科或水蝇科；寄生性昆虫主要是姬蜂科、茧蜂科、金小蜂科、锤角细蜂科或缨小蜂科等；捕食类天敌中，捕食性昆虫的优势类群是盲蝽科（黑肩绿盲蝽）和舞虻科，蜘蛛类主要是肖蛸科、球腹蛛科、狼蛛科和微蛛科；腐食性昆虫的优势类群主要为弹尾目等节跳虫科和圆跳虫科；其他类昆虫的优势类群主要是摇蚊科和蚊科。转基因稻田与对照田相比，各个功能团的平均密度在有的年份出现显著差异，但总密度均没有显著差异（表2-6）；物种丰富度、Shannon-Wiener多样性指数、均匀度指数和Simpson优势集中性指数则没有显著差异（表2-7）。分析转*cry1Ab*基因抗虫水稻（Cry1Ab水稻）持续十年的稻田节肢动物群落调查数据，发现Cry1Ab水稻田中天敌群落与非转基因对照相比没有显著差异。进一步对稻田重要捕食性天敌蜘蛛亚群落进行分析，证实Cry1Ab水稻对该亚群落没有显著影响，而化学农药处理则对其有显著的负面影响（Lu等，2020）。

表2-6 Bt水稻（T1C-19和T2A-1）和对照田（MH63）间节肢动物功能团密度的比较

年份	水稻材料	植食性昆虫	寄生性昆虫	捕食性天敌	腐食性昆虫	其他昆虫	总群落
2011	T1C-19	164.2 ± 15.0a	2.6 ± 0.3b	31.4 ± 2.2b	5.6 ± 0.5b	15.4 ± 1.4a	219.2 ± 15.7a
	T2A-1	182.8 ± 27.5a	2.1 ± 0.4b	31.4 ± 2.4b	12.3 ± 1.6a	13.3 ± 0.9a	242.0 ± 30.5a
	MH63	191.4 ± 10.4a	4.1 ± 0.5a	37.9 ± 1.3a	7.6 ± 0.5b	15.6 ± 1.4a	256.7 ± 10.5a
2012	T1C-19	209.0 ± 7.7a	5.0 ± 0.7a	27.9 ± 1.3ab	135.8 ± 17.9a	11.5 ± 1.1a	389.2 ± 19.5a
	T2A-1	193.6 ± 26.1a	4.8 ± 0.4a	25.8 ± 1.4b	89.3 ± 16.0b	12.7 ± 0.9a	326.2 ± 34.2a
	MH63	249.2 ± 24.3a	5.4 ± 0.4a	31.1 ± 1.1a	120.4 ± 25.9ab	12.8 ± 1.4a	418.9 ± 46.0a

注：密度单位为头/0.25m^2；表中数据为平均数 ± 标准误（n=3）；同一年份同一参数中具有不同小写字母的数值间有显著差异（$P \leq 0.05$），下同。

表2-7 Bt水稻（T1C-19和T2A-1）和对照田（MH63）间节肢动物群落参数的比较

年份	品系	S	H'	J	D
2011	T1C-19	30.00 ± 1.70a	2.25 ± 0.11a	0.46 ± 0.02a	0.58 ± 0.03a
	T2A-1	29.60 ± 1.12a	2.20 ± 0.11a	0.45 ± 0.02a	0.57 ± 0.03a
	MH63	31.60 ± 1.60a	2.21 ± 0.18a	0.44 ± 0.02a	0.57 ± 0.02a
2012	T1C-19	48.00 ± 0.95a	3.03 ± 0.07a	0.54 ± 0.01a	0.78 ± 0.01a
	T2A-1	47.20 ± 0.86a	3.12 ± 0.12a	0.56 ± 0.02a	0.78 ± 0.02a
	MH63	50.40 ± 2.29a	2.87 ± 0.15a	0.51 ± 0.02a	0.73 ± 0.02a

4. 抗除草剂转基因作物

抗除草剂转基因作物中转入外源基因表达的蛋白对农田节肢动物或植物并没有毒害，但是因除草剂的使用可能会间接影响农田动植物群落的结构，因此评价时不仅要关注对节肢动物群落的影响，而且也要注意对植物尤其杂草群落的影响。

抗除草剂转基因作物对农田节肢动物群落影响的评价程序与方法类似于

抗虫转基因作物。例如，采用直接观察法和陷阱法对种植抗除草剂转*EPSPS*（5-烯醇丙酮酰-莽草酸-3-磷酸合成酶）基因玉米（CC-2）及其相应的非转基因玉米对照（郑58）的田间节肢动物进行系统调查。结果表明，转基因玉米无论喷施除草剂（41%草甘膦异丙胺盐水剂）与否，与不喷施除草剂的非转基因对照相比，田间节肢动物类群组成与个体数量、主要类群个体数量及季节动态、群落多样性参数（H'、J、D）及其时间动态都无明显差异，说明该转基因玉米对节肢动物群落结构与多样性无安全风险（王尚等，2014）。

抗除草剂转基因作物势必会导致除草剂的使用更加单一，这种单一的使用可能会导致农田杂草群落结构变化，甚至出现抗/耐药性杂草的演化。现以抗草铵膦转*Bar*基因水稻Bar68-1为例，利用杂草群落有关参数（相对优势度RI、物种丰富度S、Margalef丰富度指R、Shannon-Wiener多样性指数H'、均匀性指数J、Simpson优势集中性指数D）就其对农田杂草群落影响的评价与方法加以说明，具体见图2-37。连续3年的调查结果表明，草铵膦（灭生性除草剂）和丙草胺-苄嘧磺隆（简称丙·苄，选择性除草剂）连续

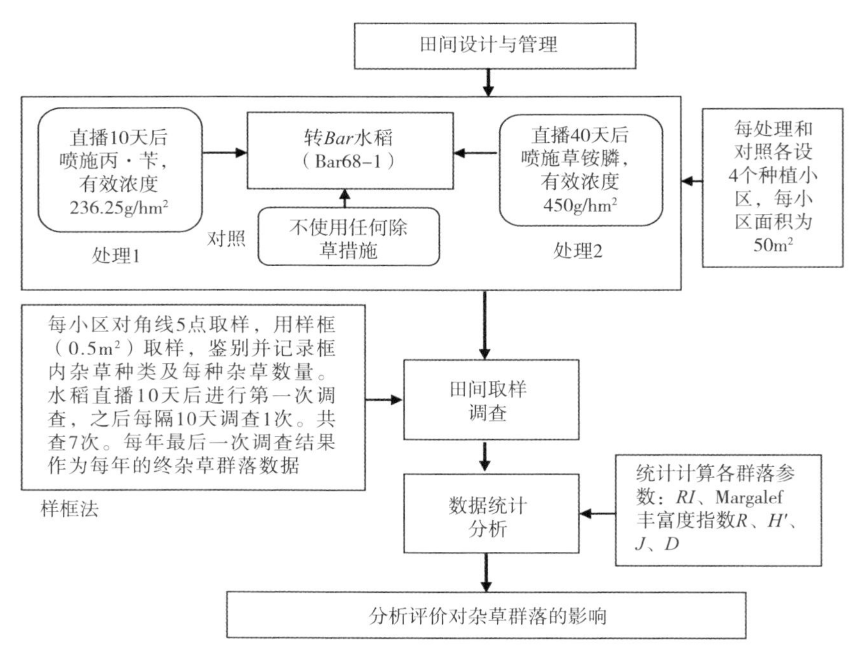

图2-37　抗除草剂转基因水稻对稻田杂草群落影响评价的流程

使用后，稻田杂草的物种丰富度和总杂草密度均逐年显著降低；随着草铵膦使用年限增加，控草效果持续提高并达到优良水平，而丙·苄长期使用则致使多年生杂草双穗雀稗演化为优势种，杂草密度呈逐年上升的趋势，导致物种多样性指数显著降低。综合分析认为抗除草剂转基因水稻种植，在抗性杂草演化之前，不会因单一使用灭生性除草剂而导致杂草群落迅速向不良一面演替（张晶旭等，2014）。

（二）对有害生物地位演化的影响

转基因作物对有害生物在生物群落中地位的影响是转基因作物对农田生态系统中生物群落长期影响的结果。因此，有关这方面的评价需要定点、定时地对一些主要的植食性害虫种类种群数量或密度进行长期的跟踪监测，以评价是否产生影响，并导致原来的次要害虫上升为主要害虫，原来的主要害虫演变成次要害虫而不需要重点防治。下面以抗虫转*Bt*基因棉（Bt棉）为例加以说明。

案例分析1：棉盲蝽是棉田常见的一类刺吸式害虫，国内发生的种类主要有绿盲蝽、中黑盲蝽、三点盲蝽、苜蓿盲蝽和牧草盲蝽等。棉盲蝽为杂食性昆虫，寄主范围广，主要取食棉花、玉米、蔬菜、果树、杂草等50余科200多种植物，常以复合种群发生为害。棉盲蝽具有环境适应性强、种群增长快、扩散能力强和极易暴发区域性灾害等特点。在我国大部分棉区，棉盲蝽成虫一般于4月下旬至6月上中旬从越冬早春寄主迁入棉田，恰好遇上二代棉铃虫的防治期，被用于防治棉铃虫的化学杀虫剂所控制。此后，在对三代、四代棉铃虫的连续防治下，棉盲蝽种群一直被控制在较低水平。1997年以后，由于我国转基因抗虫棉花的大面积种植，棉铃虫等主要鳞翅目害虫得到有效控制，造成生态位空缺；而且防治棉铃虫的广谱杀虫剂使用量亦相应显著降低，为棉盲蝽种群快速增长提供了条件。由于转基因抗虫棉花对棉盲蝽不具抗性，快速增长的棉盲蝽种群主动扩散或被动溢出到其他寄主植物上，并随着种群生态叠加效应衍生而暴发成灾，最终导致棉盲蝽由棉田次要害虫上升成为区域性多种作物的主要害虫。1997—2008年连续10余年的调查研究表明，棉花和其他寄主作物上的棉盲蝽种群发生与转基因抗虫棉花种植的区域性比例呈显著正相关（图2-38）；而用于转基因抗虫棉花田棉盲蝽防治的杀虫剂用量增加亦与转基因抗虫棉花种植比例线性相关。因此，转基因抗虫棉花田中化学杀虫剂使用的骤减是导致棉盲蝽生态位发生变化的根本原因（Lu等，2010，2011）。出现这种演变后，可结合发生时间和数量的预测预报，通过诱集植物如绿豆的诱集、释放寄生蜂、药剂防治等综合措施加以有效控制，以尽量减少化学杀虫剂的使用。

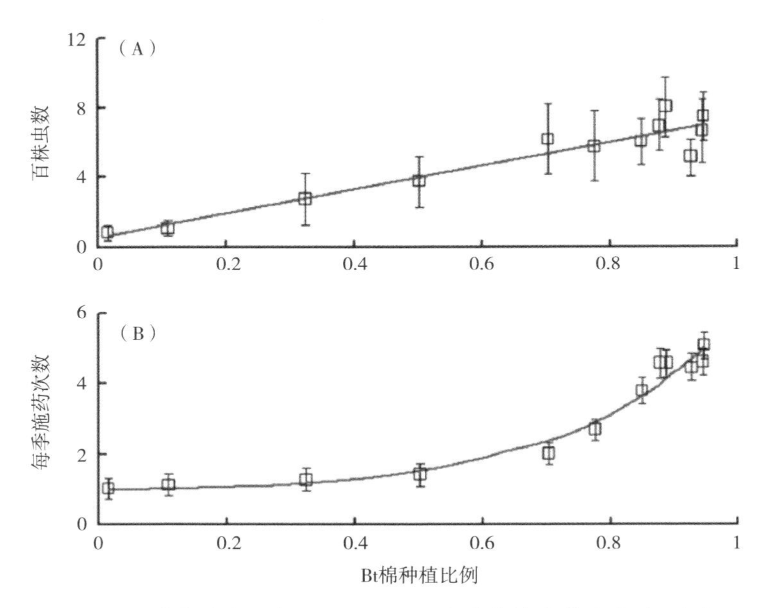

图2-38　棉盲蝽发生数量（A）或防治棉盲蝽施药次数（B）与Bt棉种植比例的关系（Lu等，2010）

案例分析2： 棉蚜为世界性棉花害虫，在我国各棉区都有发生，是棉花苗期的重要害虫之一。棉蚜在我国北方棉区年发生10~20代，以卵在花椒、木槿、石榴等越冬寄主上越冬。棉蚜在棉田按季节可分为苗蚜和伏蚜。苗蚜发生在出苗至6月底，5月中旬至6月中下旬至现蕾以前，进入为害盛期；

伏蚜发生在7月中下旬至8月。根据1990—2010年华北6省36点的多年定点调查表明，自1997年开始种植Bt棉后，棉田棉蚜种群密度显著低于种植Bt棉之前的平均密度，并随着Bt棉种植比例的提高下降更为显著（图2-39），进而成为次要害虫。究其原因是Bt棉种植后用于控制棉铃虫的药剂使用次数减少，促进了棉田对棉蚜有很好控制作用的主要捕食性天敌（瓢虫、草蛉和蜘蛛）数量的明显上升（Lu等，2012）。

综上所述，评价转基因作物对有害生物地位演化的影响需要对整个节肢动物群落结构与多样性，以及主要害虫种群密度做长期监测与分析。

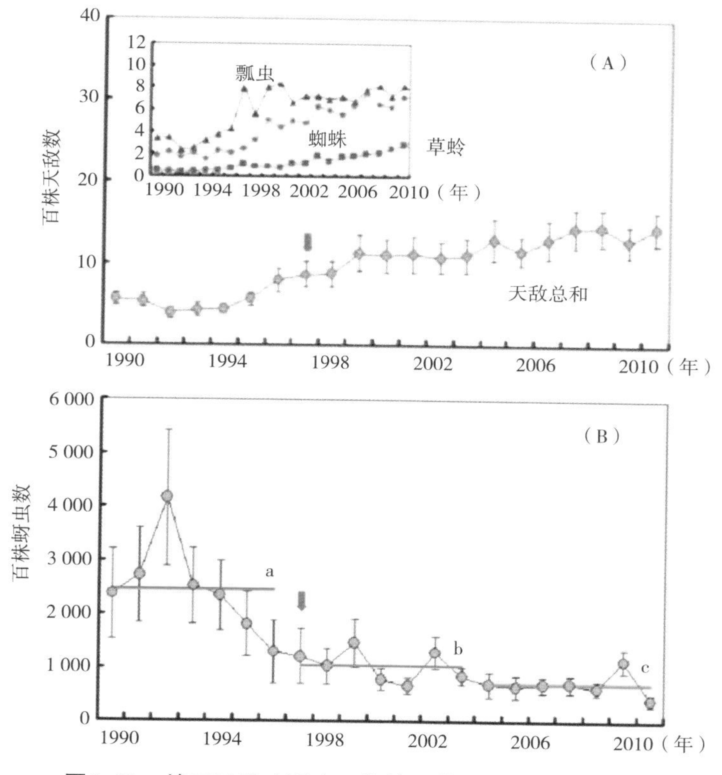

图2-39 棉田天敌（瓢虫、蜘蛛、草蛉）密度（A）和蚜虫密度（B）的年度变化（Lu等，2012）

注：图中箭头为1997年开始种植Bt棉的时间；B图中3条横线从上至下依次表示1990—1996年（未种植Bt棉）、1997—2003年（种植Bt棉比例小于90%）和2004—2010年（种植Bt棉比例大于90%）各阶段的棉蚜平均密度，其中不同小写字母表示差异达显著水平。

七、靶标生物的抗性风险

转基因技术的飞速发展有力地推动了转基因植物的发展，大批抗虫、抗病、耐除草剂等性状的转基因植物迅速涌现并在农业生产中得到广泛应用，其推广和应用不仅有效地控制了病、虫、草等有害生物的为害，减少了农药的使用量，还保护了生态环境、保持农作物增产、增收。因此，具有巨大的经济和生态效益。像任何高新技术一样，转基因植物在应用的同时，也存在一些不确定的风险，特别是其大面积推广应用后，靶标生物病、虫、草长期处于高选择压下，势必产生抗性，从而降低转基因植物的功效，影响其使用寿命。本部分内容主要以靶标害虫为例，说明转基因植物对靶标生物的抗性风险及评价的程序与方法。

（一）靶标生物的抗性

靶标生物的抗性是指生物具有忍受杀死正常种群大多数个体剂量的能力并在其种群中发展起来的现象。因此抗性是种群的特性，而不是生物个体改变的结果。抗性是相对于敏感种群而言，具有一定的区域性，与杀虫蛋白或农药的使用历史和选择压有关；抗性是由基因控制的，是可遗传的，杀虫蛋白或农药的使用水平决定了靶标生物的选择压。衡量一种生物是否对某种杀虫蛋白或农药产生抗性必须通过生物测定的方法才能确定，一般是通过比较抗性品系和敏感品系的致死中量LD_{50}（或致死中浓度LC_{50}）的倍数来确定，也可以用区分剂量（即敏感品系的LD_{99}）的方法来测定种群中抗性个体百分率。对农业昆虫来说，抗性倍数在5倍以上，或者抗性个体百分率在10%以上，一般认为已产生抗性。抗性倍数或抗性个体百分率越大，其抗性程度越高。

不同种昆虫或同种昆虫在不同环境条件下抗性发展速率是完全不同的，影响昆虫抗性产生的因素有很多，通常认为主要受以下3方面因素的影响：

①遗传学因子主要包括害虫在田间的抗性等位基因频率、害虫抗性的遗传方式（显、隐性；单、双或多基因；是否受细胞质影响、常染色体遗传或性连锁遗传等）、害虫抗性的适合度代价等。②生物学因子如害虫每年发生的世代数、生活史、繁殖方式、幼虫取食、活动性能及有无迁飞习性等。③农事操作因子对转*Bt*抗虫作物来说，Bt作物的使用历史、Bt作物中的杀虫蛋白表达量、农事操作中的轮作或连作都会影响害虫的抗性演化速率。

遗传学和生物学因子是昆虫种群本身内在特性的表现，也是决定昆虫种群抗性风险的基础，是无法改变或控制的。操作因子是人为因素，可以控制。因此，必须根据害虫的遗传学和生物学特性改变操作因子，才能有效延缓或阻止抗性发展。

目前全球在农业生产上推广应用的抗虫作物主要有：Bt棉花、玉米和马铃薯。自1996年抗虫作物被推广应用以来，实验室选择条件下对Bt杀虫蛋白产生抗性的害虫有印度谷螟（*Plodia interpunctella*）、棉铃虫（*Helicoverpa armigera*）、欧洲玉米螟（*Ostrinia nubilalis*）、红铃虫（*Pectinopbora gossypiella*）等20余种。但在田间已报道的产生抗性的物种仅有7种：玉米茎蛀褐夜蛾（*Busseola fusca*）、小蔗螟（*Diatraea saccharalis*）、玉米根叶甲（*Diatraea virgifera*）、草地贪夜蛾（*Spodoptera frugiperda*）和西方豆夜蛾（*Striacosta albicosta*）对Bt玉米产生抗性，美洲棉铃虫（*Helivoverpa zea*）对Bt玉米及红铃虫（*Pectinophora gossypiella*）对Bt棉花产生抗性（Tabashnik等，2017）。可见田间抗性的演化速率远远低于室内汰选。

（二）靶标生物抗性评价的内容、程序与方法

1. 敏感基线测定与敏感品系的建立

在进行害虫抗性风险评价之前，首先要建立害虫敏感品系，敏感品系的采集与建立基于敏感基线数据测定的基础，所以敏感基线和品系的建立必须在抗虫作物商业化应用之前完成。对于所研究的昆虫，可根据基线数据选择在最敏感的地区采集虫源，然后带回室内，在不接触任何杀虫蛋白

的条件下继代饲养，作为害虫抗性演化和风险评价研究的参照。在Bt棉花应用之前，已建立10个不同地理种群的棉铃虫*H. armigera*对Cry1Ac杀虫蛋白的敏感基线。为给Bt玉米和Bt水稻的产业化应用提供抗性评价的基础数据，目前已建立了亚洲玉米螟（*Ostrinia furnacalis*）对Cry1Ab，二化螟（*Chilo suppressalis*）、稻纵卷叶螟（*Cnaphalocrocis medinalis*）和大螟（*Sesamia inferens*）对Cry1Ab和Cry1Ac杀虫蛋白的敏感基线。图2-40以二化螟为例，具体说明了昆虫Bt杀虫蛋白敏感基线的测定流程。

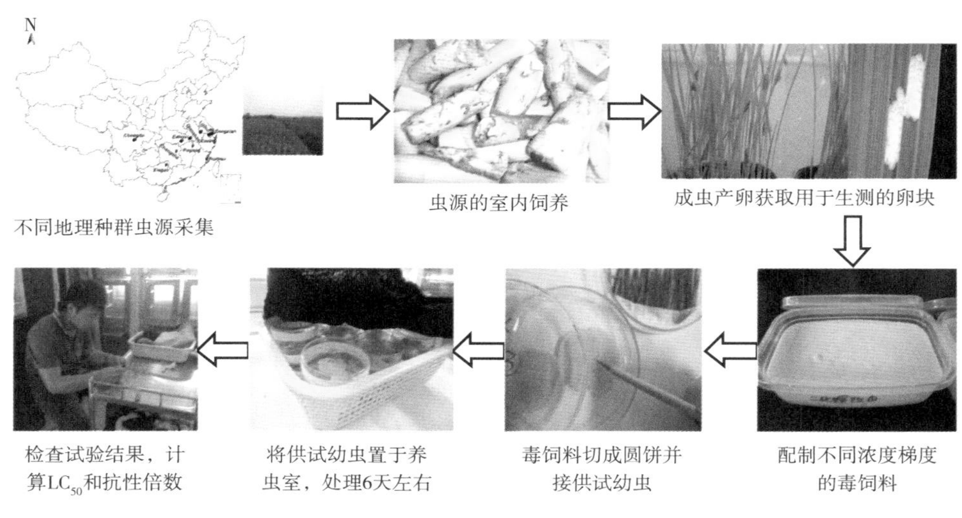

图2-40　昆虫对Bt杀虫蛋白的敏感基线测定（以二化螟为例进行说明）

Li等（2015）采用毒饲料饲喂法分别测定了湖北鄂州、湖南长沙、浙江嘉兴、江西鄱阳、安徽潜山、福建福州、上海奉贤、四川成都、广西兴安和江苏溧水10个种群的二化螟对Cry1Ab和Cry1Ac杀虫蛋白的敏感性。结果显示，二化螟对Cry1Ab杀虫蛋白LC_{50}值变化范围为1.95（江西鄱阳）~6.52mg/L（福建福州），对Cry1Ac的LC_{50}值变化范围为21.44（湖北鄂州）~106.64mg/L（福建福州）；不同种群对两蛋白的敏感性存在显著差异，最耐受与最敏感种群对Cry1Ab和Cry1Ac的相对比值分别为3.3倍和5.0倍。值得注意的是，对两蛋白最耐受的种群均为福建福州种群，进一步推测，这可能与采样地区长期使用Bt产品有关。

2. 抗性汰选

抗性风险评价最重要的一步是抗性汰选，即建立抗性品系。对Bt抗虫作物来说，一般在室内用亚致死剂量的Bt杀虫蛋白或Bt作物对害虫进行继代汰选，获得抗性种群，进而评估其风险。为进一步评价抗性种群的遗传特性，一般要求汰选种群和敏感种群的来源必须一致，如果不一致，需要建立抗性近等基因系后才能进行抗性遗传分析。抗性筛选到一定程度，可选择合适的生测方法进行生物测定，确定汰选种群的抗性倍数，技术流程如图2-41所示。

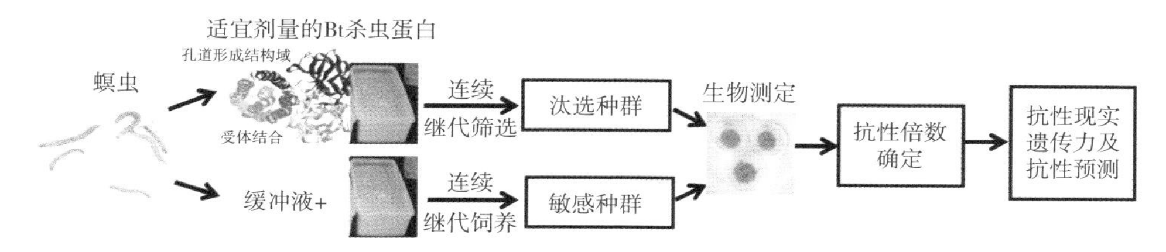

图2-41　害虫对Bt杀虫蛋白的抗性风险评价（以螟虫为例进行说明）

抗性现实遗传力及抗性预测。抗性现实遗传力（Realized heritability）的估算采用Tabashnik（1992）的域性状分析法：$h_2=R/S$，h_2为现实遗传力；R为选择反应，表示子代平均表现型值与整个亲本群体平均表现型值之差，R=[log（终LC_{50}）-log（初LC_{50}）]/n，n为选择代数；S为选择差，表示受选亲本平均表现型值与整个亲本群体的平均表现型值之差，$S=i\delta$；i为选择强度，i=1.583-0.019 333 6p+0.000 042 8P_2+3.651 94/p（10<p<80）；p=100%-平均校正死亡率（抗性汰选过程中各代死亡率用Abbott公式校正后的平均值）；δ_p为表型标准差，δ_p=[1/2（初斜率+终斜率）]-1。

抗性预测根据公式R=[log（终LC_{50}）-log（初LC_{50}）]/n变形可得：R=log（终LC_{50}/初LC_{50}）/n，当用Bt杀虫蛋白汰选产生10倍抗性（即终LC_{50}/初LC_{50}=10）时，所需的汰选代数G=log10/R=1/R。选择强度不同，抗性发展速率也不一样，针对不同的选择强度，对抗性增加10倍、100倍、1 000

倍……所需的代数进行预测。

Li等（2014）参照图2-41所示的技术流程，对二化螟和大螟的抗性风险进行评价。用Cry1Ac原毒素对二化螟进行了连续21代汰选，对大螟进行了连续8代汰选，二化螟的LC_{50}值从最初的31.98μg/mL提高到200.71μg/mL，抗性倍数提高了8.4倍；而大螟的LC_{50}值从最初的277.04μg/mL提高到1 230.61μg/mL，抗性倍数提高了4.4倍。通过对抗性现实遗传力进行分析，发现二化螟和大螟对Cry1Ac毒素的抗性现实遗传力分别为0.110和0.292，后者表现了较高的遗传特性。在田间90%的选择压力下，估计抗性提高10倍二化螟和大螟所需要的代次分别为26代和13代。由数据可知，大螟较二化螟表现出更快的抗性演化速率，因此与二化螟相比，大螟对Bt水稻表现出更大的抗性风险。

3. 抗性遗传

研究靶标害虫的抗性遗传方式，可对抗性的发展速度和抗性水平进行评价，以便为抗性治理提供依据。如昆虫的抗性为单基因遗传则其抗虫谱较窄，可使用双基因或多基因策略延缓抗性；如昆虫的抗性为多基因遗传，则抗性发展较缓慢，抗虫谱较宽，所产生的抗性难以治理。为了保证抗性遗传分析结果的可靠性，要求抗性品系的抗性倍数尽可能地提高并对品系进行纯化，一般可采用单对交配进行抗性品系和敏感品系的纯化。

抗性遗传分析的主要程序为：将昆虫抗性种群和敏感种群正交（R♀×S♂）、反交（S♀×R♂）和回交BC（F_1♀×S♂、S♀×F_1♂）。成虫羽化时，将各种群的雌雄虫分开，按设计分选30对左右的雌、雄虫放在同一产卵笼中交配，测定亲本（R、S）、杂交代和回交后代的毒力曲线，计算F_1代显性度，对回交结果进行统计分析。根据Stone（1968）的公式，计算显性度：$D=(2x_2-x_1-x_3)/(x_1-x_3)$。$x_1$、$x_2$、$x_3$分别代表抗性种群、杂交$F_1$代种群、敏感种群的$LC_{50}$值的常用对数值。$D=1$表示为完全显性，$D=-1$为完全隐性，$D=0$为中间型。

假设抗性为单个主基因控制，则回交后代在每个剂量下的期望反应为：E（BC）=W（F_1）×0.50+W（SS）×0.50。E为某一剂量的期望值，W为相应剂量下从毒力回归式计算的观察值。为进一步确定适合性，可对期望值与观察值进行χ^2测定，差异显著的为多基因遗传，差异不显著的为单基因遗传。

梁革梅等（2000）用Bt棉对棉铃虫*H. armigera*进行了连续16代的汰选，汰选种群的抗性倍数上升到43.3倍；将敏感与抗性棉铃虫杂交、正交和反交的显性度都小于0，杂交过程中雌雄性比基本接近1：1，通过χ^2值分析，理论值与期望值基本符合。实际测定的回交后代的毒力曲线与期望曲线吻合较好。因此，初步认为棉铃虫对转*Bt*基因棉的抗性是常染色体单基因控制的不完全隐性遗传。

4. 交互抗性评价

靶标生物的交互抗性是指一种生物对一种杀虫蛋白或农药产生抗性后，对其他化学结构类似，或毒杀作用机制相似，或具有相同抗性机理的杀虫蛋白或农药，虽然不曾使用也会产生抗性。具有交互抗性的两种杀虫蛋白（抗虫作物）或农药不能轮换使用、取代或混合使用。因此，在转基因抗虫作物商业化应用之前，必须对靶标害虫的交互抗性进行评价。如Luo等（2007）研究发现对Cry1Ac高抗的棉铃虫品系对Cry2Ab蛋白并没有表现出交互抗性。因此，为延缓害虫发展，转*cry1Ac+cry2Ab*基因的双价抗虫棉可以被推广使用。Xu等（2010）的研究表明，对Cry1Ab产生100倍抗性的亚洲玉米螟同时对Cry1Ah（131倍）、Cry1Ac（36倍）和Cry1F（6倍）分别表现出高、中、低的交互抗性，表明在批复Cry1Ab玉米种植的地方应严禁批复Cry1Ah和Cry1Ac玉米的种植，谨慎批复Cry1F玉米的种植。

（三）问题与展望

经室内汰选，多种害虫已对Bt杀虫蛋白产生抗性，但Bt抗虫作物在田间推广应用的20余年，仅有7种害虫在田间产生抗性。这是因为害虫在田间条件下对Bt的抗性发展是复杂的生态适应过程，而室内抗性汰选的环境单一，选择压较大，抗性上升较快，所以室内测定的抗性风险数据远远高于田间。因此，将室内评价数据应用于田间时应采取谨慎态度，要根据田间的实际情况区别应用。已有的许多害虫抗性演化模型的参数也是基于室内评价数据，因此，模型结果在应用时应先进行田间验证，验证通过后，方可应用于田间。

靶标生物的抗性评价数据不仅是为转基因作物的产业化应用提供科学依据，更重要的是为应用后的风险管理提供科学数据。对Bt棉花风险管理的经验表明，现有的多作物种植模式可为多食性的靶标害虫棉铃虫提供庇护所，有利于延缓害虫抗性。Bt玉米的靶标害虫玉米螟的寄主范围虽较棉铃虫窄，但仍能在高粱、谷子等一些禾本科植物上完成生活史，故Bt玉米“天然庇护所”的抗性延缓作用仍需进一步研究。Bt水稻的靶标害虫三化螟和稻纵卷叶螟均为寡食性昆虫，“天然庇护所”可能很难发挥作用。因此，设置分区种植的庇护所是其抗性治理的主要措施，但考虑到中国的小农户种植经营模式，庇护所策略很难执行。因此，研发并应用具有不同作用机制的双价和多价抗虫水稻，增强抗虫效率并扩大抗虫谱是比较可行的措施。此外，从政府层面通过合理的作物布局和顶层设计，将非抗虫水稻如抗病、抗除草剂水稻作为抗虫水稻的庇护所，有利于延缓害虫抗性发展。

第二节　转基因植物环境安全监测

一、环境安全监测的目的和意义

转基因植物的大量释放，有可能使得原先小范围内不太可能发生的潜在危险得以表现。因此，转基因植物商业化之后，有必要对其环境安全开展长期系统的监测，以便及时发现并有效控制潜在环境风险，保障转基因植物的可持续利用。

从一定意义上说，转基因植物环境安全监测是环境安全评价的延续与发展。通过转基因植物商业化之前的环境安全评价与商业化之后的环境安全监测的有机结合、有效衔接，为转基因植物的研发与产业化提供强有力的全程科技支撑。

二、环境安全监测的一般内容

自然界的生态系统是生物与生物之间、生物与环境之间相互作用、相互影响的有机整体。转基因植物被释放后，就成为自然生态系统的一个组成部分，将可能对系统中的植物群落、动物群落、微生物群落产生生态影响（Wolfenbarger & Phifer，2000；Dale等，2002）。因此，这些方面都是转基因植物环境安全监测所关注的范畴。

（一）对植物的影响监测

1. 转基因植物本身杂草化

转基因植物中导入了抗虫、抗病或抗除草剂等新基因，使它较亲本植物或其野生种具有更强的生存竞争能力。这类转基因植物的环境释放，会不会使其本身成为杂草，从而负面影响周边其他植物的正常生长、破坏自然界的植物多样性？

2. 转基因植物基因漂移

转基因植物中的外源基因是否会通过花粉扩散转移到非转基因植物、野生近缘种或杂草群体中？这种现象是否会影响野生近缘种的遗传多样性与生态适应性，从而破坏种质与基因资源？是否会使杂草变成“超级杂草”？

（二）对动物的影响监测

1. 对靶标害虫的控制作用以及靶标害虫的抗性

转基因抗虫植物体内的杀虫蛋白表达量及其抗虫效果不是恒定的，受环境条件以及植物自身生长状态等多种因素的影响。因此，需要监测不同生态区域中，转基因抗虫植物对靶标害虫的控制效果如何，随植物生育期改变、高温等极端天气出现而如何变化。

在转基因抗虫植物的持续选择压力下，靶标害虫自身会不断进化、对杀虫蛋白逐步产生抗性，转基因抗虫植物对靶标害虫的控制作用将随之降低，直至丧失控制作用。因此，靶标害虫对转基因抗虫植物及其杀虫蛋白如何产生抗性，抗性如何进行科学监测以及预防治理？这些问题的解决是确保转基因抗虫植物可持续利用的基本前提。

2. 对其他动物的非靶标效应

通过食物链，转基因植物中外源基因表达形成的蛋白有可能进入不同营养级的动物体内，并对其产生影响，包括直接取食植物的植食性昆虫、食草动物等，以及间接取食植物的昆虫天敌、食肉动物。外源蛋白还能通过植物残体腐烂、植物根系分泌等途径进入土壤和水等系统，可能对土栖和水生动物产生影响。

除了对各个动物物种的潜在影响以外，转基因植物还可能对整体生态系统中的生物多样性产生影响。

（三）对微生物的影响

微生物群落与其栖息的生境之间彼此作用、相互影响。转基因植物的种植可能会对植物叶际、根际微生物群落结构与功能产生影响。当然，一些抗病转基因植物能对靶标有害微生物直接产生抑制或控制作用。

三、环境安全监测的基本对策

1. 与环境安全评价有机衔接，提升科学性

环境安全评价中发现的潜在风险问题，可能在自然生态系统中不会出现，或者不具有生态学意义、可以忽略。而安全监测中，任何一个数据都会通过多种因素共同影响结果，需要借助可控条件下的安全评价结果予以深入分析，找到关键影响因子并确认是否与转基因植物有关。因此，两者需要相互借鉴和有机结合，从而显著提高转基因植物环境安全资料的完整性与科学性。

2. 由简到繁、逐层递进，强化系统性

正因为自然生态系统的复杂性，环境安全监测工作的开展应根据食物链（网）结构，从处于食物链基部的物种，向处于上部的物种，再向整个食物链（网），最后针对整体群落、生态系统逐步进行。这样的系统研究才能真正地诠释转基因植物的环境安全性问题，而缺乏系统性、片面的研究往往不能科学、准确地揭示安全性的实质，导致常出现一些站不住脚的结果与论点，负面影响极大，应予以重视。

3. 强调区域性与长期性

转基因植物的环境安全性除与转基因植物本身及其种植规模有关外，还与其种植区域及其环境条件、生物种类组成等多种因素休戚相关。而且，自然生态系统、生物群落等都处于不断的变化过程中。在实际中，转基因植物环境安全问题在不同的生态区域可能不一样，在同一区域的不同季节和年份也会有变化。因此，转基因植物安全监测工作需要在不同的种

植区域连续开展，应覆盖转基因植物的所有种植区域并贯穿转基因植物的整个种植利用过程，这样才能有效确保其安全性。

四、实例分析：转*Bt*基因抗虫棉花的环境安全监测

我国于1997年开始种植转*Bt*基因抗虫棉花（下称“Bt棉花”），随后Bt棉花种植面积快速增加，到2014年已占全国植棉面积的93%。像任何一种新技术一样，转基因植物在对农业发展起重要推动作用的同时，也可能产生未知的后果或风险。基于Bt制剂在世界各国已有几十年的使用历史和大量的相关研究，目前对于Bt杀虫蛋白对人类的健康安全性已得到了较大的肯定。但和常规Bt制剂不同，人类对大规模种植Bt植物对生态环境可能产生的潜在影响尚缺乏足够的经验。转基因植物的大量释放，有可能使得原先小范围内不太可能发生的潜在危险得以表现。

Bt棉花的大面积种植可能使靶标害虫对Bt杀虫蛋白逐步产生抗性，最终将导致Bt棉花对靶标害虫失去控制作用。同时，Bt棉花所产生的生态调控作用亦可能使非靶标害虫由目前的次要地位上升为主要害虫。因此，对上述两方面关键问题进行了长期性的监测研究。

（一）靶标害虫棉铃虫对Bt棉花的抗性监测与预防性治理

在靶标害虫对Bt棉花的抗性治理上，美国、澳大利亚、加拿大等国家普遍采用的是“高剂量/庇护所”策略。通过颁布政府法规，强制性要求棉农在Bt棉花周围种植一定比例的普通棉花作为庇护所，“庇护所”上产生的敏感种群和Bt棉花上存活下来的抗性种群间随机交配产生抗性杂合子，再通过“高剂量”Bt棉花杀死抗性杂合子，从而防止或延缓靶标害虫对Bt棉花产生抗性。我国棉花主产区大都是由小农户为主的小规模生产模式，无法实施美国等国家强制性要求种业公司与农场主设置人工庇护所治理靶标害虫抗性的策略，因此，结合我国国情，发展了以天然庇护所利用为核心

的棉铃虫对Bt棉花的抗性预防性治理对策与技术（吴孔明，2007；Jin等，2015）（图2-42）。

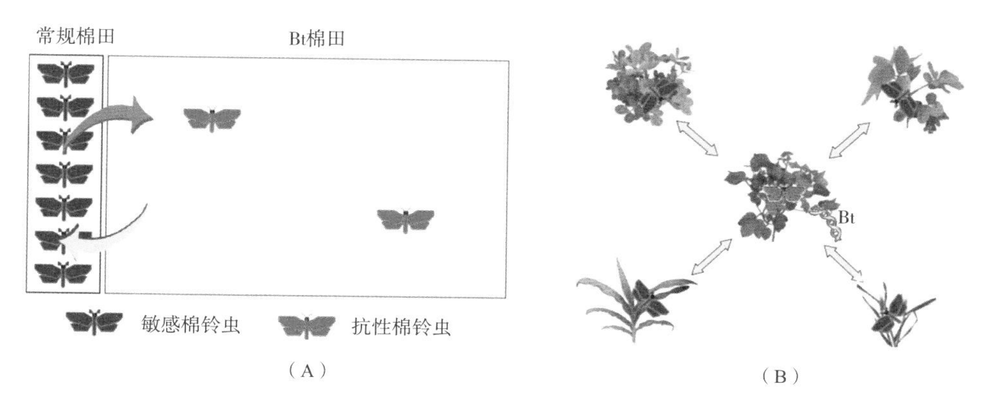

图2-42 人工庇护所（A）与天然庇护所（B）

注：（A）美国等国家在Bt棉田周围强制性种植常规棉花作为靶标害虫的庇护所；（B）我国利用农田生态系统中自然存在的玉米等其他非转基因寄主作物作为庇护所

1. 天然庇护所

棉铃虫属多食性害虫，在我国已知的寄主植物有20多科200多种。在栽培作物中除为害棉花外，还取食小麦、玉米、大豆、花生、番茄、辣椒等。在华北地区的多年调查发现，在自然条件下，大豆和花生田2~3代棉铃虫和玉米田3~4代棉铃虫幼虫密度显著高于Bt棉田，可分别为2~4代棉铃虫提供有效庇护所。同时，棉铃虫具有区域性迁飞转移习性，能促进植棉区域与其他区域不同种群之间的基因交流，降低棉铃虫抗性产生风险。

2. 高剂量

Bt蛋白低表达量棉花品种的种植将通过增加棉铃虫的存活数量，而增大棉铃虫的抗性产生风险。因此，在Bt棉花品种进行商业化之前，都需要通过农业农村部组织的对Bt杀虫蛋白表达量、抗虫效率及其稳定性、纯合度等方面的强制性检测。只有Bt杀虫蛋白表达量高和稳定的棉花品种才能获得转基因作物安全证书，而Bt杀虫蛋白表达量低和稳定性差的品种将直接被淘汰，不能进入商业化阶段。这种管理方式保障了我国生产中Bt棉花的“高剂量”，以实现降低抗性昆虫杂合子存活率、延缓抗性发展的目的。

1997年以来的系统监测数据显示，在我国大面积种植Bt棉花的情况下，一些地方棉铃虫种群对Bt棉花抗性的基因频率有所上升，但各地棉铃虫对Bt棉花的敏感性水平和商业化种植前的敏感基线相比没有明显变化。这表明，我国Bt棉花对棉铃虫的田间抗虫效果没有下降，上述的棉铃虫Bt抗性预防性治理对策与技术的应用是十分成功的（刘晨曦等，2010；Zhang等，2019）。

（二）Bt棉花害虫种群地位演替与治理

1. 靶标害虫

室内生物测定试验表明，Bt棉花对靶标害虫棉铃虫、红铃虫低龄幼虫具有很好的毒杀作用，而高龄幼虫的死亡率明显下降。存活的幼虫取食减少，生长发育明显受阻。ELISA检测发现，棉花生长前期Bt杀虫蛋白含量高，后期明显降低；在同一时期内，叶片等营养器官中Bt杀虫蛋白含量高，花、蕾、铃等繁殖器官中含量低。这表明，Bt棉花中杀虫蛋白表达及其抗虫性具有时空性。多年多点的田间控制效果评价发现，Bt棉花对棉铃虫、红铃虫抗性表现良好。苗期、蕾期Bt棉花的抗虫性好，而铃期抗虫性水平明显降低，田间靶标害虫残虫量常高于前期。

1992—2006年区域监测表明，随着Bt棉花种植年限的延长以及种植比率的增加，棉花上棉铃虫卵和幼虫密度不断降低，同时玉米、花生、大豆、蔬菜等其他常规作物上棉铃虫发生数量同样逐步下降（Wu等，2008）。棉花在棉铃虫的季节性寄主链条中占有重要地位，是二代棉铃虫的主要寄主，进而成为三代棉铃虫的核心虫源地。Bt棉花种植大量杀死了二代幼虫，从而大幅压低了后代种群的虫源基数，减轻了Bt棉花种植区域内多种作物上棉铃虫的发生为害。2010年以来，随着Bt棉花种植规模的大幅压缩，黄河流域地区玉米、花生、向日葵等多种作物上棉铃虫发生程度明显增加，这一事实再次证实Bt棉花在农田生态系统中对棉铃虫种群具有诱杀陷阱功能（陆宴辉等，2018）。与棉铃虫一样，随着Bt棉花种植红铃虫的发生数量与为害程度明显降低，现阶段红铃虫已不再对棉花生产造成实质性为害（Wan等，2012）。棉铃虫和红铃虫都曾是我国棉花上的重大害虫，Bt棉花有效控制了其发生为害，使棉田化学杀虫剂使用明显下降，其中用于靶标害虫防治的杀虫剂使用次数减少约80%（Zhang等，2018）。

2. 非靶标害虫与天敌

室内与田间研究表明，Bt棉花对非靶标害虫及其有益天敌的个体发育与种群增长没有显著影响，但Bt棉花种植后棉田杀虫剂使用变化明显影响了害虫及其天敌的发生与互作（陆宴辉和梁革梅，2016）。1990—2010年区域监测表明，随着Bt棉花大面积种植，棉田瓢虫、草蛉等捕食性天敌的发生密度明显增加，而棉蚜伏蚜种群密度逐步降低。相关性分析发现，天敌密度变化与杀虫剂使用变化之间、伏蚜密度变化与天敌密度变化之间均呈显著负相关。小区模拟试验进一步阐明，Bt棉花商业化之前，棉田大量使用菊酯类等广谱性杀虫剂，严重杀死有益天敌，从而引发伏蚜“再猖獗”问题；Bt棉花种植以后，棉田化学杀虫剂的减少使用促进了天敌保育与控害，有效抑制了伏蚜种群发生（Lu等，2012）。

瓢虫、草蛉等捕食性天敌对盲蝽的控制作用较弱，Bt棉田捕食性天敌数量增多对盲蝽种群发展影响有限（Li等，2017）。1997—2008年区域监测发现随着Bt棉花种植比率的提高，棉田盲蝽发生密度、用于盲蝽防治的杀虫剂使用次数均逐步增加。进一步分析表明，盲蝽种群密度及其杀虫剂使用次数的变化与棉铃虫化学防治次数的变化之间均呈显著负相关，这说明Bt棉花种植后防治棉铃虫化学杀虫剂使用量的减少直接导致棉田盲蝽种群数量上升、为害加重。除棉花以外，枣树、苹果树、梨树、桃树、葡萄树、茶树上盲蝽为害程度也呈现明显加重趋势。周年调查研究发现，盲蝽与棉铃虫的早春虫源都在棉田外，均于6月中下旬集中迁入棉田，这一时期两者的时空生态位高度重叠。Bt棉花商业化之前，6月中下旬重点防治二代棉铃虫，广谱性杀虫剂使用有效兼治了盲蝽，使其密度一直保持在较低水平；Bt棉花种植之后，二代棉铃虫不再需要防治，盲蝽进入棉田后快速扩增种群数量，并随着季节性寄主转移向其他作物扩散，最终形成区域性、多作物发生成灾的局面（Lu等，2010）。

最新研究发现，绿盲蝽等优势盲蝽种类不仅具有植食性，还兼具肉食性，对棉蚜具有较强的捕食作用，还能捕食鳞翅目害虫的卵和初孵幼虫、粉虱、叶螨等。盲蝽取食为害棉花叶片后，导致叶片严重破损并诱导产生抗虫性，能抑制同一棉株上的棉蚜种群增长，构成明显的种间竞争关系。综合捕食和竞争两方面因素，盲蝽发生能显著降低棉蚜种群增长，表现出一定的种群控制作用。长期监测表明，随着盲蝽发生密度的增加，促进了与捕食性天敌对棉蚜种群的联合控制作用（Li等，2020）。

Bt棉花商业化种植20多年来，靶标害虫棉铃虫和红铃虫得到了有效控制，棉蚜伏蚜发生有所减轻，而盲蝽由次要害虫上升成为主要害虫。现在，盲蝽、蚜虫、叶螨、蓟马等刺（锉）吸式口器害虫是我国Bt棉花上的重点防治对象。因此，针对“新害虫”盲蝽危害问题，发展了由性诱剂诱杀、寄生蜂饲养与释放、灯光诱捕等绿色防控技术，为盲蝽种群的有效控制以及Bt棉花的可持续利用提供技术支撑（姜玉英等，2015；陆宴辉等，2020）。

第三章 转基因生物安全事件剖析

利用基因工程技术可将外源DNA引入一种新生物体内进行表达，使其在全新的遗传背景下行使其特定的生物学功能，这赋予了该技术跨越天然物种屏障的能力，使人类定向改良现有物种和创造新物种成为可能。随着该技术的快速发展，转基因作物随之孕育而生。由于转基因作物通常含有对靶标生物有害的外源蛋白，因而其生态风险问题已经成为转基因作物最终能否商业化生产的主要决定因素之一。但是生态风险具有时间潜伏性、研究条件难以控制、影响因子复杂等特点，使得其研究难度较大，因而，在不同地点、不同时间，对同一转基因事件的评价结果可能会出现不一致，甚至大相径庭的情况（陈茂等，2004）。国际社会曾多次对转基因作物的安全性产生了强烈的反响和激烈的争论。本章主要列出了自转基因生物面世以来出现的“转基因领域的五件大事”，并简单介绍事件的原委。

一、英国普斯陶伊（Pusztai）事件

该事件是引发国际转基因作物安全性争论的导火索。1998年8月，英国

苏格兰罗维特研究所（Rowett Research Institute）Pusztai研究员在一电视节目中公布了一份尚未在专业期刊上正式发表的研究结果——食用转基因马铃薯的大鼠发育减缓，免疫系统遭到破坏，提出“应该对转基因食品进行更严格的安全检验”，并声称“如果让我选择的话，我不会吃转基因食品”。这一电视节目播出后立刻在英国引起轩然大波，人们对转基因食品产生了极度恐慌。

第2年，为了让Pusztai的研究结果接受同行评议，进行客观地、公开地讨论（Horton，1999），权威医学期刊《The Lancet》发表了Pusztai与其合作者Stanley Ewen共同署名发表的研究论文，但论文并没有提到Pusztai在电视节目中所说的取食转基因马铃薯的大鼠生长减缓、免疫系统受到破坏，而是指出大鼠取食转*GNA*基因马铃薯10天后，其肠道发生了某些异常——结肠和空肠的黏膜增厚，而取食非转基因马铃薯的大鼠和取食掺和了GNA的非转基因马铃薯的大鼠并未出现这一症状（Ewen和Pusztai，1999）。

其实在Pusztai的电视节目播出后、文章发表前，英国皇家学会就对此事高度重视，专门组织专家对Pusztai的试验数据进行了审查，结果显示Pusztai的试验研究存在以下重要缺陷：例如不能确定转基因与非转基因马铃薯的营养成分上的差异；转基因马铃薯比非转基因马铃薯在蛋白质含量上少将近20%，对食用转基因马铃薯的大鼠未补充蛋白质以防止饥饿；试验大鼠只有6只，样本量少，饲喂的几种不同食物都不是大鼠的标准食物，欠缺统计学意义；试验设计差，未做双盲测试；统计方法不当；试验结果无一致性等（Martin，1999）。

由于Pusztai草率地公布了不科学的试验结果，对社会造成了不良影响，他所在的研究所辞退了他。后来，在欧洲还有一些科学家想重复他的试验结果，但是都没有重复出来。

二、美国帝王斑蝶事件

1999年5月，美国康奈尔大学的Losey等在《Nature》杂志上发表了一篇题为“转基因花粉对大斑蝶幼虫有害”的文章，该文章声称用撒有转*cry1Ab*基因抗虫玉米花粉的马利筋（一种杂草）叶片饲喂美国帝王斑蝶幼虫，导致44%的幼虫死亡（Losey等，1999）。帝王斑蝶是美国人十分喜爱的一种蝶类（图3-1），该文章一经发表，立刻引起了公众的广泛关注。

图3-1　帝王斑蝶

事实上，在实验室条件下，某些Bt玉米如表达Cry1类蛋白的转基因玉米对帝王斑蝶幼虫有毒是意料之中的——这类转基因玉米本来就是特异性毒杀鳞翅目害虫，身处鳞翅目内的帝王斑蝶自然不能幸免。不过，在自然条件下，转基因玉米真的会危害帝王斑蝶幼虫的生存吗？随后，美国环保部和农业部及时组织相关专家就相关问题开展了为期两年、更深入系统的研究。

他们的研究结果表明，帝王斑蝶幼虫暴露于Bt蛋白的剂量十分低，远未达到可以影响帝王斑蝶的程度。因为相较于其他花粉，玉米花粉大而重，扩散距离十分有限：在田间，所有花粉只落在玉米地10m范围以内；在距玉米地5m远处的马利筋杂草上，每1cm^{2}叶片上平均只能发现1粒玉米花粉；即使在玉米田内部，平均每平方米马利筋叶片上也只有171颗转基因玉米花粉，远远达不到可以威胁帝王斑蝶幼虫的剂量。

因此，科学家们得出结论，已经种植的转基因玉米对于帝王斑蝶的负面影响可以忽略不计。2001年，他们的研究结果以6篇论文的形式发表在《美国国家科学院院刊》同一期上（Hellmich等，2001；Oberhauser等，2001；Pleasant等，2001；Stanley-Horn等，2001；Sears等，2001；Zangerl等，2001）。

三、加拿大“超级杂草”事件

1995年，加拿大首次商业化种植了具有抗除草剂特性的转基因油菜。在种植后的几年里，油菜田里出现了对多种除草剂具有抗性的、野草化的油菜植株，这些植株被称之为“超级杂草”（图3-2）。如今，这种杂草化油菜普遍存在于加拿大的农田里。因为转基因油菜籽在收获时，少数种子留在了泥土中，来年它们会重新萌发。下一季轮作时，如果这片油菜地种下去的不是油菜，而是其他作物，那么萌发出来的油菜就变成了不受欢迎的杂草，而这种能够同时抵抗几种除草剂的、野草化的油菜不但很难铲除，而且还会通过交叉传粉等方式，污染同类物种。事实上，这种油菜在喷施另一种除草剂2,4-D后即被全部杀死。

应当指出的是，“超级杂草”并不是一个科学术语，而只是一个形象的比喻，目前并没有证据证明有“超级杂草”存在。同时，基因漂流并不是从转基因作物开始，而是在自然界特有的自然现象。如果没有基因漂流，就不会有进化，世界上也就不会有多种植物和现在的作物栽培品种。即使发现有抗多种除草剂的杂草，人们还可以选择用其他除草剂来对付它们。

图3-2　加拿大“超级杂草”

该图片引自http：//www.albertabarley.com/spotlight-on-research-fighting-western-canadas-first-super-weed/

四、墨西哥玉米基因污染事件

2001年11月，美国加州大学伯克利分校的两位研究人员在《Nature》上发表了一篇题为“转基因DNA渗入墨西哥Oaxaca当地传统玉米品种”的文章，声称在墨西哥南部Oaxaca地区采集的7个玉米地方品种样本中，其中5个样品中检测到了转基因结构中常有的花椰菜花叶病毒的CaMV 35S启动子，2个样品中检测到了与目前市场上转基因玉米中相似的*adhl*基因（Quist & Chapela，2001）。绿色和平组织借此大肆渲染，称墨西哥玉米已经受到了“基因污染”，甚至指责墨西哥小麦玉米改良中心的基因库也可能受到了“基因污染”。

该篇文章发表后受到很多科学家的批评，指出其在方法学上有许多错误（Metz & Fütterer，2002；Caplinshy等，2002）。一方面，Quist等检测出的所谓35S启动子，经复查证明是假阳性；另一方面，他们检测到的*adhl*基因并非*adh1*基因，而是玉米中本来就存在的*bronzel*基因。Quist等也发文承认了该错误（Quist & Chapela，2002）。显然作者没有比较这两个序列，审稿人和《Nature》编辑部也没有核实。对此，《Nature》编辑部发表声明，称“这篇论文证据不足，不足以证明其结论”。

五、法国转基因玉米对大鼠肾脏和肝脏毒性事件

2007年，Séralini等发表文章称，孟山都的转基因玉米MON863会对大鼠产生不良影响，主要体现为，与对照组相比，试验组大鼠的许多反映肾脏和肝脏功能的指标发生了显著变化（Séralini等，2007）。实际上Séralini等人根本没有做试验，只是把孟山都公司公布的数据换了一种统计方法，从而得出了用转基因玉米饲喂大鼠后，其肝肾等功能指标与对照组存在显著差异的结论。

Séralini等的文章发表后，一个聚集了世界各地、各行各业的专家组对该论文进行了评估，认为该论文存在以下6个方面的缺陷：①分析结果不具有剂量-反应关系，如某些检测指标在11%组差异显著，而33%组差异却不显著。②随着时间的延长，差异显著性的可重复性差。③没有提供生化指标与其他指标如组织病理间的相关性。④雌雄大鼠的结果不一致，如取食转基因饲料2周后，雄性大鼠的体重轻于对照组，而雌性大鼠却比对照组重。⑤没有列出各检测指标的正常变化范围。与对照组相比虽然某些指标可能具有差异显著性，但某些指标可能在正常变化范围内。⑥没有因果效应（Doull等，2007）。其他科学家也发文指出Séralini的文章在数据的重新分析过程中存在着许多错误，例如，所有的结果都是以每个变量的差异百分率表示的，而不是用实际测量的单位表示；被检测的毒理学参数的计算值与相关物种间的正常范围不相关；使用了错误的统计方法等（Bfr，2007；Monod，2007；Monsanto Scientific Affairs，2009）。此外，欧盟食品安全局和澳大利亚新西兰食品标准局也否定了Séralini的论文（EFSA，2007；FSANZ，2007）。

六、结 语

民众对任何一个新事物尤其那些带有争议性的事物，都需要经历一个理解和接受的过程。但是，现代社会是一个科技、信息高速发展的时代，网络信息尤其那些错误的、消极的信息在网络上的传播速度更为迅速，会对公众产生负面的引导作用，从而阻碍人们对新事物的接受进程。

尽管自转基因作物面世以来，对其环境和食品安全引发了一系列争论，但全球转基因作物的总面积从1996年的1 700万hm^2增加到2018年的1.917亿hm^2（ISAAA，2018），2013年增加了约113倍，这说明全球转基因作物的商业化是势不可挡的。为了更好地推广转基因事业，尽快地让公众接受转基因事物，正确的舆论导向是十分必要的。上述列举的转基因事件，从发表论文质疑转基因玉米的安全性开始，政府并没有回避问题，而是尽快组织专家进行研究，并且保持信息的公开，而科学家们也乐于向公众介绍他们的成果，正是这些人的共同努力，既让政府做出了正确的决策，也逐渐平息了公众的质疑。

中国正处于转基因事业发展的瓶颈期，欧美等国处理转基因争论事件的做法为我国平息转基因争论提供了良好的借鉴。我国可以从中吸取经验教训，在处理转基因事件时，要始终保持事件的透明度和公众参与。此外，政府应该还要做好对公众进行GMO安全性的宣传教育工作，让群众了解什么是转基因、转基因能给人类和环境带来哪些巨大利益、为什么转基因食品对人类无害等科普知识。只有公众先了解了这些基本信息，才能进而慢慢接受转基因事物，才不会出现“谈转基因色变”这一普遍的社会问题。

REFERENCE/参考文献

陈茂，叶恭银，胡萃，2004.《Nature》有关转基因玉米生态安全争论性报道的回顾[J]. 生态学杂志，23（2）：80-85.

程罗根，2002. 昆虫抗性（近）等基因系的培育及应用研究[J]. 植物保护，28（3）：42-44.

郭井菲，张聪，袁志华，等，2014. 转*cry1Ie*基因抗虫玉米对田间节肢动物群落多样性的影响[J]. 植物保护学报，41（4）：482-489.

何月平，沈晋良，2008. 害虫抗药性进化的遗传起源与分子机制[J]. 昆虫知识，45（2）：175-181.

胡凝，陈万隆，刘寿东，等，2010. 水稻花粉扩散的模拟研究[J]. 生态学报，30（14）：3 665-3 671.

姜玉英，陆宴辉，曾娟，2015. 盲蝽分区监测与治理[M]. 北京：中国农业出版社.

金安江，张启发，林拥军，等，2011. 转基因作物与我们的生活[M]. 北京：科学出版社.

金万梅，潘青华，尹淑萍，等，2005. 外源基因在转基因植物中的遗传稳定性及其转育研究进展[J]. 分子植物育种，3（6）：864-868.

李云河，彭于发，李香菊，等，2012. 转基因耐除草剂作物的环境风险及管理[J]. 植物学报，47（3）：197-208.

郦卫弟，吴孔明，陈学新，等，2003. 华北地区转*Cry1A+CpTI*和*Cry1A*基因棉棉田害虫和天敌昆虫的群落结构[J]. 农业生物技术学报，11（5）：494-499.

郦卫弟，吴孔明，陈学新，等，2003. 华北地区转*Cry1A+CpTI*和*Cry1A*基因棉田节肢动物多样性[J]. 农业生物技术学报，11（4）：383-387.

梁革梅，谭维嘉，郭予元，2000. 棉铃虫对转*Bt*基因棉的抗性筛选及遗传方式的研究[J]. 昆虫学报，43（增刊）：57-62.

刘晨曦，李云河，高玉林，等，2010. 棉铃虫对转*Bt*基因抗虫棉花的抗性机制及治理[J]. 中国科学：生命科学，40：920-928.

陆宴辉，姜玉英，刘杰，等，2018. 种植业结构调整增加棉铃虫的灾变风险[J]. 应用昆虫学报，55（1）：19-24.

陆宴辉，梁革梅，张永军，2020. 二十一世纪以来棉花害虫治理成就与展望[J]. 应用昆虫学报，57（3）：477-490.

陆宴辉，梁革梅，2016. Bt作物系统害虫发生演替研究进展[J]. 植物保护，42（1）：7-11.

裴新梧，袁潜华，王丰，等，2016. 水稻转基因飘流[M]. 北京：科学出版社.

宋小玲，强胜，彭于发，2009. 抗草甘膦转基因大豆（*Glycine max*（L.）Merri）杂草性评价的试验实例[J]. 中国农业科学，42（1）：145-153.

王尚，王柏凤，严杜升，等，2014. 转*EPSPS*基因抗除草剂玉米CC-2对田间节肢动物多样性的影响[J]. 生物安全学报，23（4）：271-277.

吴孔明，2007. 我国Bt棉花商业化的环境影响与风险管理策略[J]. 农业生物技术学报，15：1-4.

张晶旭，戴伟民，强胜，2014. 连续单一除草剂应用情况下的转基因直播稻田杂草群落动态[J]. 生物安全学报，23（4）：284-292.

Andersson M S and de Vicente M C，2010. Gene Flow Between Crops and their Wild Relatives[M]. Baltimore：Johns Hopkins Univ. Press.

Bull W H O，1968. Stone BFA formula for determining degree of dominance in cases of monofactorial inheritance of resistance to chemicals[J]. Bull. WHO，38：325-326.

Carstens K，Cayabyab B，Schrijver A D，et al，2014. Surrogate species selection for assessing potential adverse environmental impacts of genetically engineered insect-resistant plants on non-target organisms[J]. Landes Bioscience，5：1-5.

Chen L J，Lee D S，Song Z P，et al，2004. Gene flow from cultivated rice（Oryza sativa）to its weedy and wild relatives[J]. Annals of Botany，93（1）：67-73.

Chun Y J，Kim D I，Park K W，et al，2011. Gene flow from herbicide-tolerant GM rice and the heterosis of GM rice-weed F_2 progeny[J]. Planta，233（4）：807-815.

Dale P J，Clarke B，Fontes E M G，2002. Potential for the environmental impact of transgenic crops[J]. Nature Biotechnology，20：567-574.

Dang C，Lu Z B，Wang L，et al，2017. Does *Bt* rice pose risks to non-target arthropods? Results of a meta-analysis in China[J]. Plant Biotechnol J，5：1 047-1 053.

de Vendômois J S，Cellier D，Vélot C，et al，2010. Debate on GMOs health risks after statistical findings in regulatory tests[J]. Int J Biol Sci，6（6）：590-598.

de Vendômois J S，Roullier F，Cellier D，et al，2009. A comparison of the effects of three GM corn varieties on mammalian health[J]. Int J Biol Sci，5（7）：706-726.

Doull J，Gaylor D，Greim H A，et al，2007. Report of an Expert Panel on the reanalysis by Séralini et al（2007）of a 90-day study conducted by Monsanto in support of the safety of a genetically modified corn variety（MON 863）[J]. Food Chem Toxicol，45（11）：2 073-2 085.

Duan J J，Lundgren J G，Naranjo S，et al，2010. Extrapolating non-target risk of *Bt* crops from laboratory to field[J]. Biology Letters，6：74-77.

EFSA，2010. Guidance on the environmental risk assessment of genetically modified plants[J]. The EFSA Journal，8：1 879.

Ellstrand N C，2003b. Current knowledge of gene flow in plants：implications for transgene flow[J]. Philosophical Transactions of The Royal Society of London Series B-biological Sciences，358：1 163-1 170.

Ellstrand N C，Meirmans P，Rong J，et al，2013. Introgression of crop alleles into wild or weedy populations[J]. Annual Review of Ecology Evolution and Systematics，44：325-345.

European Food Safety Authority（EFSA），2007. EFSA review of statistical analyses conducted for the assessment of the MON 863 90-day rat feeding study[J]. EFSA Journal，doi：10.2903/j.efsa.2007.19r.

Ewen S W，Pusztai A，1999. Effect of diets containing genetically modified potatoes expressing Galanthus nivalis lectin on rat small intestine[J]. The Lancet，354（9 187）：1 353-1 354.

Gassmann A J，Carrière Y，Tabashnik B E，2009. Fitness costs of insect resistance to *Bacillus thuringiensis*[J]. Annu Rev Entomol，54：147-163.

Georghiou G P，1969. Genetics of resistance to insecticides in houseflies and mosquitoes[J]. Exp Parasitol，26：224-255.

Han L Z，Liu P L，Hou M L，et al，2008. Baseline susceptibility of *Cnaphalocrocis medinalis* to *Bacillus thuringiensis* toxins in China[J]. J Econ Entomol，101（5）：1 691-1 696.

He K L，Wang Z Y，Wen L P，et al，2005. Determination of baseline susceptibility to Cry1Ab protein for Asian corn borer[J]. J Appl Entomol，129（8）：407-412.

Hellmich R L，Siegfried B D，Sears M K，et al，2001. Monarch larvae sensitivity to *Bacillus thuringiensis* purified proteins and pollen[J]. Proc Natl Acad Sci USA，98（21）：11 925-11 930.

Horton R，1999. Genctieally Modified Foods：“Absurd” concern or welcome Dialogue？[J]. The lancet，35（9 187）：1 314-1 315.

ISAAA，2016. Global status of commercialized biotech/GM crops in 2016[R]. ISAAA Brief

No. 52. ISAAA：Ithaca，NY.

ISAAA，2018. Global status of commercialized biotech/ gm crops in 2018：biotech crops continue to help meet the challenges of increased population and climate change[R]. ISAAA Brief No.54. ISAAA：Ithaca，NY.

Jia S R，2004a. Environmental risk assessment of GM crops：progress in risk assessment[J]. Scientia Agricultura Sinica，37：175-187.

Jia S R，2004b. Environmental risk assessment of future GM crops[J]. Scientia Agricultura Sinica，37：484-489.

Jia S R，Wang F，Shi L，et al，2007. Transgene flow to hybrid rice and its male sterile lines[J]. Transgenic Research，16（4）：491-501.

Jia S R，Yuan Q H，Pei X W，et al，2014. Rice transgene flow：its patterns，model and risk management[J]. Plant Biotechnology Journal，12：1 259-1 270.

Jin L，Zhang H N，Lu Y H，et al，2015. Large-scale test of the natural refuge strategy for delaying insect resistance to transgenic *Bt* crops[J]. Nature Biotechnology，33：169-174.

Kaplinshy N，Braum D，Lisch D，et al，2002. Maize transgene results in Mexico are artefacts[J]. Nature，416：601.

Kovach M J，Sweeney M T，McCouch S R，2007. New insights into the history of rice domestication[J]. Trends Genet，23：578-587.

Li B，Xu Y Y，Han C，et al，2015. *Chilo suppressalis* and *Sesamia inferens* display different susceptibility responses to Cry1A insecticidal proteins[J]. Pest Manag Sci，71：1 433-1 440.

Li J H，Yang F，Wang Q，et al，2017. Predation by generalist arthropod predators on *Apolygus lucorum*（Hemiptera：Miridae）：Molecular gut-content analysis and field-cage assessment[J]. Pest Management Science，73（3）：628-635.

Li W J，Wang L L，Jaworski C，et al，2020. The outbreaks of nontarget mirid bugs promote arthropod pest suppression in *Bt* cotton agroecosystems[J]. Plant Biotechnology Journal，18（2）：322-324.

Li Y H，Chen X P，Hu L，et al，2014b. *Bt* rice producing Cry1C protein does not have direct detrimental effects on the green lacewing *Chrysoperla sinica*（Tjeder）[J]. Environmental Toxicology and Chemistry，33（6）：1 391-1 397.

Li Y H，Romeis J，Wang P，et al，2011b. A comprehensive assessment of the effects of *Bt* cotton on *Coleomegilla maculata* demonstrates no detrimental effects by Cry1Ac and Cry2Ab[J]. PLoS ONE，6（7）：e22185.

Li Y H，Romeis J，Wu K M，et al，2014a. Tier-1 assays for assessing the toxicity of insecticidal proteins produced by genetically engineered plants to non-target arthropods[J]. Insect Science，21：125–134.

Li Y H，Wang Y Y，Romeis J，et al，2013. *Bt* rice expressing Cry2Aa does not cause direct detrimental effects on larvae of *Chrysoperla sinica*[J]. Ecotoxicology，22：1 413–1 421.

Li Y H，Zhang X J，Chen X P，et al，2015. Consumption of *Bt* rice pollen containing Cry1C or Cry2A does not pose a risk to *Propylea japonica* Thunberg（Coleoptera：Coccinellidae）[J]. Scientific Reports，5：7 679.

Li Y，Meissle M，Romeis J，2008. Consumption of *Bt* maize pollen expressing Cry1Ab or Cry3Bb1 does not harm adult green Lacewings，*Chrysoperla carnea*（Neuroptera：Chrysopidae）[J]. PLoS ONE，3：e2909.

Li Y，Ostrem J，Romeis J，et al，2011a. Development of a Tier-1 assay for assessing the toxicity of insecticidal substances against the ladybird beetle，*Coleomegilla maculate*[J]. Environmental Entomology，40：496–502.

Li Y，Romeis J，2010. *Bt* maize expressing Cry3Bb1 does not harm the spider mite，*Tetranychus urticae*，or its ladybird beetle predator，*Stethorus punctillum*[J]. Biological Control，53：337–344.

Losey J E，Rayor L S，Carter M E，1999. Transgenic pollen harms monarch larvae[J]. Nature，399：214.

Lu Y H，Wu K M，Jiang Y Y，et al，2010. Mirid bug outbreaks in multiple crops correlated with wide-scale adoption of *Bt* cotton in China[J]. Science，328：1 151–1 154.

Lu Y H，Wu K M，Jiang Y Y，et al，2012. Widespread adoption of *Bt* cotton and insecticide decrease promotes biocontrol services[J]. Nature，487：362–365.

Lu Y H，Wu K M，2011. Mirid bugs in China：Pest status and management strategies[J]. Outlook Pest Manag，22（6）：248–252.

Lu Y H，Wu K M，Jiang Y Y，et al，2010. Mirid bug outbreaks in multiple crops correlated with wide-scale adoption of *Bt* cotton in China[J]. Science，328：1 151–1 154.

Lu Y H，Wu K M，Jiang Y Y，et al，2012. Widespread adoption of *Bt* cotton and insecticide decrease promotes biocontrol services[J]. Nature，487：362–365.

Lu Z B，Dang C，Wang F，et al，2020. Does long-term *Bt* rice planting pose risks to spider communities and their capacity to control planthoppers?［J]. Plant Biotechnol J，18：1 851–1 853.

Lu Z B，Tian J C，Han N S，et al，2014. No direct effects of two transgenic *Bt* rice lines，T1C-19 and T2A-1，on the arthropod communities[J]. Environmental Entomology，43（5）：1 453–1 463.

Lu, Y H, Wu K M, Jiang Y Y, et al, 2010. Mirid bug outbreaks in multiple crops correlated with wide-scale adoption of *Bt* cotton in China[J]. Science, 328: 1 151-1 154.

Lu, Y H, Wu K M, Jiang Y Y, et al, 2012. Widespread adoption of *Bt* cotton and insecticide decrease promotes biocontrol services[J]. Nature, 487: 362-365.

Luo S D, Wu K M, Tian Y, et al, 2007. Cross-resistance studies of Cry1Ac-resistant strains of *Helicoverpa armigera* (Lepidoptera: Noctuidae) to Cry2Ab[J]. J Econ Entomol, 100 (3): 909-915.

Mallory-Smith C A, Zapiola M, 2008. Gene flow from glyphosate-resistant crops[J]. Pest Manag Sci, 64: 428-440.

Martin E, 1999. Transgenic food debate: The Lancet scolded over Pusztai paper[J]. Science, 286 (5 440): 656.

Marvier M, McCreedy C, Regetz J, et al, 2007. A meta-analysis of effects of *Bt* cotton and maize on nontarget invertebrates[J]. Science, 316: 1 475-1 477.

Messeguer J, Fogher C, Guiderdoni E, et al, 2001. Field assessments of gene flow from transgenic to cultivated rice (*Oryza sativa* L.) using a herbicide resistance gene as tracer marker[J]. Theoretical and Applied Genetics, 103 (8): 1 151-1 159.

Metz M, Fütterer J, 2002. Suspect evidence of transgenic contamination[J]. Nature, 416: 600-601.

Monod H, 2007. Expérience sur rats menée par Monsanto EN 2001-2002 avec certains régimes comportant du maïs génétiquement modifié: analyse statistique des courbes d'évolution du poids[R]. Study conducted upon request of the CGB (Commission du Génie Moléculaire, France).

Oberhauser K S, Prysby M, Mattila H R, et al, 2001. Temporal and spatial overlap between monarch larvae and corn pollen[J]. Proc Natl Acad Sci USA, 98 (21): 11 913-11 918.

Pleasants J M, Hellmich R L, Dively G P, et al, 2001. Corn pollen deposition on milk weeds in and near cornfields[J]. Proc Natl Acad Sci USA, 98 (21): 11 919-11 924.

Quist D, Chapela I H, 2001. Transgenice DNA introgressed into traditional maize landraces in Oaxaca, Mexico[J]. Nature, 414: 541-543.

Quist D, Chapela I H, 2002. Quist and Chapela reply[J]. Nature, 416: 602.

Raymond B, Johnston P R, Nielsen-LeRoux C, et al. 2010. *Bacillus thuringiensis*: an impotent pathogen? Trends Microbiol, 18: 189-194.

Romeis J, Bartsch D, Bigler F, et al, 2008. Assessment of risk of insect-resistant transgenic crops to nontarget arthropods[J]. Nature Biotechnology, 26: 203-208.

Romeis J, Hellmich R L, Candolfi M P, et al, 2011a. Recommendations for the design of laboratory studies on non-target arthropods for risk assessment of genetically engineered plants[J]. Transgenic Research, 20: 1-22.

Romeis J, Meissle M, 2011b. Non-target risk assessment of *Bt* crops-Cry protein uptake by aphids[J]. Journal of Applied Entomology, 135: 1-6.

Romeis J, Meissle M, Bigler F, 2006. Transgenic crops expressing *Bacillus thuringiensis* toxins and biological control[J]. Nat Biotechnol, 24: 63-71.

Romeis J, Raybould A, Bigler F, et al, 2013. Deriving criteria to select arthropod species for laboratory tests to assess the ecological risks from cultivating arthropod-resistant transgenic crops[J]. Chemosphere, 90: 901-909.

Rong J, Song Z P, de Jong T J, et al, 2010. Modelling pollen-mediated gene flow in rice: risk assessment and management of transgene escape[J]. Plant Biotechnology Journa, 18: 452-464.

Rong J, Song Z P, Su J, et al, 2005. Low frequency of transgene flow from *Bt/CpTI* rice to its nontransgenic counterparts planted at close spacing[J]. New Phytologist, 168 (3): 559-566.

Rong J, Xia H, Zhu Y Y, et al, 2004. Asymmetric gene flow between traditional and hybrid rice varieties (*Oryza sativa*) estimated by nuclear SSRs and its implication in germplasm conservation[J]. New Phytologist, 163 (2): 439-445.

Sears M K, Hellmich T L, Stanley-Horn D E, et al, 2001. Impact of *Bt* corn pollen on monarch butterfly populations: a risk assessment[J]. Proc Natl Acad Sci USA, 98 (21): 11 937-11 942.

Séralini G E, Cellier D, de Vendomois J S, 2007. New analysis of a rat feeding study with a genetically modified maize reveals signs of hepatorenal toxicity[J]. Arch Environ Contam Toxicol, 52 (4): 596-602.

Song Z P, Lu B R, Zhu Y G, et al, 2003. Gene flow from cultivated rice to the wild species *Oryza rufipogon* under experimental field conditions[J]. New Phytologist, 157 (3): 657-665.

Stanley-Horn D E, Dively G P, Hellmich R L, et al, 2001. Assessing the impact of Cry1Ab-expressing corn pollen on monarch butterfly larvae in field studies[J]. Proc Natl Acad Sci USA, 98 (21): 11 931-11 936.

Tabashnik B E, Carrière Y, 2017. Surge in insect resistance to transgenic crops and prospects for sustainability[J]. Nat Biotech, 35: 926-935.

Tabashnik B E, 1992. Resistance risk assessment: realized heritability of resistance to *Bacillus thuringiensis* in diamondback moth (Lepidoptera: Plutellidae), tobacco budworm (Lepidoptera: Noctuidae), and Colorado potato beetle (Coleoptera: Chrysomelidae) [J]. J Econ Entomol, 85: 1 551-1 559.

Tabashnik B E, 1994. Evolution of resistance to *Bacillus thuringiensis*[J]. J Econ Entomol, 39: 47-79.

Tabashnik B E, Gassmarm A J, Crowder D W, et al, 2008. Insect resistance to *Bt* crops: evidence versus theory[J]. Nat Biotechnol, 26: 199-202.

Tu J, Zhang G, Datta K, et al, 2000. Field performance of transgenic elite commercial hybrid rice expressing *bacillus thuringiensis* delta-endotoxin. Nat Biotechnol, 18: 1 101-1 104.

USEPA (U. S. Environmental Protection Agency), 2001-10-15. Biopesticide registration action document. *Bacillus thuringiensis* (*Bt*) plant-incorporated protectants[EB/OL]. http://www.epa.gov/oppbppd1/biopesticides/pips/bt_brad.htm.

USEPA (U.S. Environmental Protection Agency), 1998. Guidelines for ecological risk assessment[R]. U.S. Environmental Protection Agency, Risk Assessment Forum, Washington, DC.

USEPA (U.S. Environmental Protection Agency), 2007. White Paper on tier-based testing for the effects of proteinaceous insecticidal plant-incorporated protectants on non-target arthropods for regulatory risk rssessments[EB/OL]. http://www.epa.gov/oppbppd1/biopesticides/pips/non-target-arthropods.pdf.

Wan P, Huang Y, Huang M, et al, 2012. The halo effect: Suppression of pink bollworm by *Bt* cotton on non-*Bt* cotton in China[J]. PLoS ONE, 7: e42004.

Wang F, Yuan Q H, Shi L, et al, 2006. A large scale field study of transgene flow from cultivated rice (*Oryza sativa*) to common wild rice (*O. rufipogon*) and barnyard grass (*Echinochloa crusgalli*) [J]. Plant Biotechnology Journal, 4 (6): 667-676.

Wang Y Y, Li Y H, Romeis J, et al, 2012. Consumption of *Bt* rice pollen expressing Cry2Aa does not cause adverse effects on adult *Chrysoperla sinica* Tjeder (Neuroptera: Chrysopidae) [J]. Biological Control, 61: 245-251.

Wolfenbarger L L and Phifer P, 2000. The ecological risks and benefits of genetically engineered plants[J]. Science, 290: 2 088-2 093.

Wolfenbarger L L, Naranjo S E, Lundgren J G, et al, 2008. *Bt* crop effects on functional guilds of non-target arthropods: a meta-analysis[J]. PLoS ONE, 3: e2118.

Wu K M, Lu Y H, Feng H Q, et al, 2008. Suppression of cotton bollworm in multiple crops in China in areas with *Bt* toxin-containing cotton[J]. Science, 321: 1 676-1 678.

Wu K M, GuoY Y. The evolution of cotton pest management practices in China[J]. Annu Rev

Entomol，50：31–52.

Xiao J H，Grandillo S，Ahn S N，et al，1996. Genes from wild rice improve yield[J]. Nature，384：223–224.

Xu L，Wang Z，Zhang J，et al，2010. Cross-resistance of Cry1Ab-selected Asian corn borer to other Cry toxins[J]. J Appl Entomol，134：429–438.

Yao K M，Hu N，Chen W L，et al，2008. Establishment of a rice transgene flow model for predicting maximum distances of gene flow in southern China[J]. New Phytologist，180（1）：217–228.

Yuan Q H，Shi L，Wang F，et al，2007. Investigation of rice transgene flow in compass directions by using male sterile line as a pollen detector[J]. Theoretical and Applied Genetics，115（4）：549–560.

Zangerl A R，McKenna D，Wraight C L，et al，2001. Effects of exposure to event 176 *Bacillus thuringiensis* corn pollen on monarch and black swollowtai caterpillars under field conditions[J]. Proc Natl Acad Sci USA，98（21）：11 908–11 912.

Zhang D D，Xiao Y T，Chen W B，et al，2019. Field Monitoring of *Helicoverpa armigera*（Lepidoptera：Noctuidae）Cry1Ac Insecticidal Protein Resistance in China（2005–2017）[J]. Pest Management Science，75：753–759.

Zhang W，Lu Y H，van der Werf W，et al，2018. Multidecadal，county-level analysis of the effects of land use，*Bt* cotton，and weather on cotton pests in China[J]. Proceedings of the National Academy of Sciences of the United States of America，115（33）：E7 700–7 709.

Zhang X J，Li Y H，Romeis J，et al，2014. Use of a pollen-based diet to expose the ladybird beetle *Propylea japonica* to insecticidal proteins[J]. PLoS ONE，9（1）：e85395.

THANKS / 致谢

感谢国家转基因生物新品种培育重大科技专项“转基因水稻环境安全评价技术”（2016ZX08011-001）和“转基因生物的食用和饲用安全性评价”（2016ZX08011-005）对本书出版的支持与资助。同时感谢农业农村部、中国农业科学院相关领导对本书的关心，感谢各编者所在单位的支持，尤其感谢中国农业科学院植物保护研究所和生物技术研究所等相关科研团队的支持。

彭于发

2020年12月